入眼·入脑·入手·易教·乐学

U0102341

"十四五"职业教育国家规划教材

化妆基础

HUAZHUANG JICHU

主　　编◎陈晓燕

执行主编◎孙雪芳

副 主 编◎王小江

北京师范大学出版集团
BEIJING NORMAL UNIVERSITY PUBLISHING GROUP

北京师范大学出版社

图书在版编目（CIP）数据

化妆基础／孙雪芳　执行主编. — 北京：北京师范大学
出版社，2020.9（2024.6重印）
职业教育美容美体专业课程改革新教材／陈晓燕主编
ISBN 978-7-303-26268-7

Ⅰ．①化… Ⅱ．①孙… Ⅲ．①化妆－中等专业学校－教材
Ⅳ．①TS974.1

中国版本图书馆CIP数据核字（2020）第157500号

教材意见反馈：　gaozhifk@bnupg.com　010-58805079
营销中心电话：　010-58802755　58800035

出版发行：北京师范大学出版社　www.bnup.com
　　　　　北京市西城区新街口外大街12-3号
　　　　　邮政编码：100088
印　　刷：天津旭非印刷有限公司
经　　销：全国新华书店
开　　本：787 mm × 1092 mm　1/16
印　　张：8.5
字　　数：180千字
版　　次：2020年9月第1版
印　　次：2024年6月第5次印刷
定　　价：32.00元

策划编辑：鲁晓双　　　　　　　　责任编辑：朱前前
美术编辑：焦　丽　　　　　　　　装帧设计：李尘工作室
责任校对：张亚丽　　　　　　　　责任印制：马　洁　赵　龙

版权所有 侵权必究

再版序

从2007年起，浙江省对中等职业学校的专业课程进行了改革，通过大量的调查和研究，形成了"公共课程+核心课程+教学项目"的专业课程改革模式。美容美体专业作为全省十四个率先完成《教学指导方案》和《课程标准》研发的专业之一，先后于2013年、2016年由北京师范大学出版社出版了由许先本、沈佳乐担任丛书主编的《走进美容》《面部护理（上、下）》《化妆造型（上、下）》《美容服务与策划》六本核心课程教材。该系列教材在全省开设美容美发与形象设计专业的中职学校推广使用，因其打破了原有的学科化课程体系，在充分考虑中职生特点的基础上设计了适宜的"教学项目"，强调"做中学"和"理实一体"，故受到了师生的一致好评，在同类专业教材中脱颖而出。

教材出版发行后，相关配套资源开发工作也顺利进行。经过一线专业教师的协同努力，各本教材中所有项目各项工作任务的教学设计、配套PPT，以及关键核心技术点的微课均已开发完成，并形成了较为齐备的网络教学资源。全国、全省范围内围绕教材开展了多次教育教学研讨活动，使编写者在实践中对教材研发、修订有了新的认识与理解。

为应对我国现阶段社会主要矛盾的变化，实现职业教育"立德树人"总目标，提升中职学生专业核心素养，培养复合型技术技能型人才，编写者对教材进行了再版修订。在原有六本教材的基础上，依据最新标准，更新了教材名称、图片、案例、微课等内容，新版教材名称依次为《美容基础》《护肤技术（上）》《护肤技术（下）》《化妆基础》《化妆造型设计》《美容服务与策划》。本次修订主要呈现如下特色：

第一，将学生职业道德养成与专业技能训练紧密结合、通过重新编排和组织的项目教学内容和工作任务较好地落实了核心素养中"品德优良、人文扎实、技能精湛、身心健康"等内容在专业教材中落地的问题。

第二，在充分吸收国内外行业企业发展最新成果的基础上，借鉴世界技能大赛美容项目各模块评分要求，针对中职生学情调整了部分教学内容与评价要求，进一步体现了专业教学与行业需求接轨的与时俱进。

第三，体现"泛在学习"理念，借助现代教学技术手段，依托一流专业师资，构建了体系健全、内容翔实、教学两便、动态更新的数字教学资源库，帮助教师和学生打造全天候的虚拟线上学习空间。

再版修订之后的教材内容更加满足企业当下需求并具有一定的前瞻性，编排版式更加符合中职生及相关人士的阅读习惯，装帧设计更具专业特色、体现时尚元素。相信大家在使用过程中一定会有良好的教学体验，为学生专业成长助力！

是为序。

陈晓燕

2020年6月

序

　　在一个较长的时期，职业教育作为"类"的本质与特点似乎并没有受到应有的并且是足够的重视，人们总是基于普通教育的思维视角来理解职业教育，总是将基础教育的做法简单地类推到职业教育，这便是所谓的中职教育"普高化"倾向。

　　事实上，中等职业教育具有自身的特点，正是这些特点必然地使得中等职业教育具有自身内在的教育规律，无论是教育内容还是教育形式，无论是教育方法还是评价体系，概莫能外。

　　我以为，从生源特点来看，中职学生普遍存在着知识基础较差，专业意识虚无，自尊有余而自信不足；从学习特点来看，中职学生普遍存在着学习动力不强，厌学心态明显，擅长动手操作；从教育特点来看，中职学校普遍以就业为导向，强调校企合作，理实一体。基于这样一些基本的认识，从2007年开始，浙江省对中等职业学校的专业课程进行改革，通过大量的调查和研究，形成了"公共课程+核心课程+教学项目"的专业课程改革模式，迄今为止已启动了七个批次共计42个专业的课程改革项目，完成了数控、汽车维

修等14个专业的《教学指导方案》和《课程标准》的研发，出版了全新的教材。美容美体专业是我省确定的专业课程改革项目之一，呈现在大家面前的这套教材是这项改革的成果。

浙江省的本轮专业课程改革，意在打破原有的学科化专业课程体系，根据中职学生的特点，在教材中设计了大量的"教学项目"，强调动手，强调"做中学"，强调"理实一体"。这次出版的美容美体专业课程的新教材，较好地体现了浙江省专业课程改革的基本思路与要求，相信对该专业教学质量的提升和教学方法的改变会有明显的促进作用，相信会受到美容美体专业广大师生的欢迎。

我们同时也期待着使用该教材的老师和同学们能在共享课程改革成果的同时，也能对这套教材提出宝贵的批评意见和改革建议。

是为序。

方展画

2013年7月

内容简介

　　本书主要讲解以人物面部五官为主体进行专业的化妆修饰，通过对本书的学习，学生应具备初级美容化妆工作的基本职业能力。

　　绪论采用名词解释的形式明确概念，让学生认清职业能力；项目一用图配文的形式介绍化妆品和化妆工具，内容一目了然；项目二、三详细介绍面部底妆及五官各个部位的修饰方法和矫正方法，为整体妆面打下基础；项目四进入整体妆面的学习，要求学生掌握不同类型的生活妆面。

　　本书的亮点在于打破了以理论知识为主线的传统课程模式，采用以实践操作能力为主线的课程模式，集实用性、观赏性、流行性于一体。

前　言

　　党的二十大报告从"实施科教兴国战略，强化现代化建设人才支撑"的高度，对"办好人民满意的教育"作出专门部署，凸显了教育的基础性、先导性、全局性地位，彰显了以人民为中心发展教育的价值追求，为推动教育改革发展指明了方向。《职业教育法》的修订颁布，明确了职业教育是与普通教育具有同等重要地位的教育类型。新时代要进一步加强党对职业教育的领导，坚持"立德树人"总目标，贯彻落实《关于推动现代职业教育高质量发展的意见》，持续推进"教师、教材、教法"改革，努力提升学生职业核心素养。

　　中等职业教育美容美体艺术专业的设立与发展，极大顺应了人民生活水平日益提高，向往美好生活的现实需求。目前全国各省份，特别是沿海经济发达地区开设该专业的学校如雨后春笋般涌现，专业人才培养的数量不断增加，质量迅速提升。但由于缺少整体规划与布局，该专业自主性发展特征明显。鉴于各地区办学水平不尽相同，师资力量差距明显，对教学标准理解不到位、认识不统一，严重影响了专业进一步良性向好发展，一线专业教师对优质教材的需求亟待满足。

　　本套美容美体艺术专业教材是在严格遵循国家专业教学标准并充分考虑专业发展、学生学情的基础上，紧密依靠行业协会、行业龙头企业技术骨干力量，由长期在美容美体艺术专业教学一线的老师精心编写而成。整套教材以各门核心课程中提炼出来的"关键技能"培养为目标，

深切关注学生"核心素养"的培育，通过"项目教学+任务驱动"的形式呈现，并贯彻多元评价理念，确保教材的实用型与前瞻性。本套教材图文并茂、可读性强；书中的工作任务单以活页形式呈现，取用方便。本套教材重在技能落实、巧在理论解析、妙在各界咸宜。其最初版本曾作为浙江省中职美容美体专业课改教材在全省推广使用，师生普遍反应较好。

本书以美容行业实际工作需求为基础，以促进就业为导向，以服务发展为宗旨，旨在培养复合型技术技能型人才。编写过程坚持以提高学生的核心技能标准为导向，同时关注学生的情操培养与美育。本书主要内容包括化妆品与化妆工具的应用、面部底色的塑造、面部五官的塑造、生活妆等，培养学生的基础化妆技能，使其具备对面部及五官特点的分析及修饰能力，学会基本生活妆的操作设计。全书共由四个项目十一个任务组成，在每一个项目中都设计了情境聚焦、任务实施、任务评价、任务拓展、知识延伸、项目总结、综合运用等小栏目，形式新颖、内容丰富。本书既可供中等职业学校美容美体艺术及相关专业的学生使用，又可作为美容师岗位培训及爱美人士学习的参考书，建议教学学时48~60学时，具体学时分配如下表（供参考）。

项目	课程内容	建议学时
一	化妆品与化妆工具的应用	3~6
二	面部底色的塑造	9~12
三	面部五官的塑造	18~21
四	生活妆	18~21

本书由陈晓燕主编，孙雪芳任执行主编，王小江任副主编。胡晓菲、周吉、陈亚玲、高喻苗、周怡闻、崔倚凌等同学担任插图模特。本书在编写过程中得到了拱墅职高校领导及相关处室部门的大力支持，尤其得到了形象组鲁家琦、王芹、石丹老师的技术支持；也得到了杭州逆飞文化传播有限公司化妆总监陈敏老师的技术支持，得到了杭州小玖工作室创办人付艳的部分造型图片支持，在此一并表示感谢！

本书在编写中，参考和应用了一些专业人士的相关资料，转载了有关图片，在此对他们表示衷心的感谢。我们在书中尽力注明，如有遗漏之处，敬请读者谅解指正。由于编者水平有限，书中难免有不足之处，敬请读者提出宝贵的意见与建议，以求不断改进，使其日臻完善。

目　录

项目四｜生活妆／101

绪 论

化妆概述

化妆一词源于法文Grime，意为"有皱纹的""起伏不平的"，是对演员须发、头饰、面形，以及身体裸露局部进行修饰。化妆，从广义角度讲，是全方位对人的外在形体进行全新塑造的一种手段，具有很强的艺术性；从狭义角度讲，指美化人的容貌，运用化妆品、材料和技术等手段，来装扮自己或帮助他人改变容貌，以及适应某种特殊要求。

化妆具有美化容貌、增强自信和弥补缺陷的作用。化妆的基本原理是突出优点、掩饰缺点、弥补不足、整体协调，同时也要做到因人因时因地而异，既要客观地分析每个人的五官，根据每个人的面部结构、皮肤颜色、皮肤性质、年龄气质等设计，又要根据不同的时间、场合、条件、地区、气候以及社会潮流、社会时尚而定。

化妆根据所展示的不同空间可分为两大类：一是生活化妆（淡妆、浓妆），用于生活中的化妆，主要是为了弥补不足，美化容貌，展现个人风采。二是艺术化妆（影视化妆、舞台剧化妆、戏剧妆、摄影化妆），主要以表演和展示为目的。

化妆师与美容师

美容师是一种专业美容领域的职业称谓，主要工作在美容院及能为顾客提供美容服务的场所，工作职责是对人的面部及身体皮肤进行美化，主要工作方式是护理、保养。但作为美容师除了要掌握护理美容的知识和技能外，也要求掌握修饰美容即化妆的基础知识和技能，在美容师国家职业技能考核中就包括护理美容和修饰美容两方面内容。

化妆师的主要工作是对影视演员和普通顾客的头面部等身体局部进行化妆，主要工作方式为局部造型、色彩设计；属于艺术范畴的化妆师职业和属于"社区和居民服务类"职业（工种）的美容美发师职业虽然在内容上有交叉部分，但在性质上有很大区别。

化妆师行业发展

一方面，随着社会的发展，艺术生活化、生活艺术化的趋势日趋明显，人们在追求感性美的同时也非常注重形式美、个性美与知性美的统一；另一方面，化妆的多样性应用也非常明显，化妆不仅仅局限于艺术表演范畴，已经扩展到了商业摄影、体育表演、广告制作、影视生产、舞台、音乐制作、中外合拍片、模特时尚、服装服饰、期刊出版、化妆产品形象代言、公众人物形象顾问、明星私人化妆师等众多领域。进入21世纪后，化妆师已经成为新兴的、时尚的通用职业（工种）。

化妆师职业前景

化妆师目前的就业方向主要集中于以下几大方向：化妆品彩妆公司、广告传媒公司化妆造型、模特经纪公司化妆造型、化妆造型工作室、婚纱影楼、电视台及各类剧组片场等。在具体的工作内容上，可在形象设计工作室、美容院、发廊等担任形象设计师，在化妆品公司、广告公司、剧组、模特经纪公司、秀场、时尚造型工作室、化妆摄影工作室等任化妆师。

当今社会，化妆对绝大多数人来讲早已不是一个陌生的词汇，它已成为很多女性每天生活的一个重要环节。当你结婚或出席某些重要场合时，或者就是普通朋友的聚会，都希望有一位专业化妆师来扮靓自己。其实，不仅是日常生活呼唤着专业化妆师，随着影楼的蓬勃兴起、各种选秀活动的火爆举行、各种时尚发布会的此起彼伏、众多电视台对电视剧需求量的不断增加，以及各类服装、彩妆、电商、网页拍摄的爆发式需求，化妆师已成为当今社会非常重要的、不可或缺的职业角色。

化妆师以其时尚、收入高、社会需求量大、易就业、受人尊重甚至崇拜的职业特点受到时尚人士，尤其是年轻人的热烈追捧，化妆师已成为时尚人士最佳的职业选择之一。

　　16岁的丽莎并不怎么漂亮，但天生爱打扮。她喜欢用妈妈的化妆品在自己的脸上摆弄，尽管总是遭到妈妈的批评，但她却还是偷偷地尝试，这也许就是人们常说的"爱美之心，人皆有之"吧。"人只要一化妆就变样，普通人都可以变得像明星一样漂亮。"她感到化妆实在太神奇了！她不仅喜欢给自己化妆，而且喜欢给同学化妆，但总觉得达不到自己想要的效果。于是，她想到专业的学校进行系统的学习，初中毕业时她选择了一所职业高中的美容美体专业，尽管家长极力反对，但也改变不了她的决定。她自己暗下决心：一定要学出点名堂，将来成为一名知名化妆师，让父母为我骄傲！

　　丽莎的化妆之旅开始了……

项目一

化妆品与化妆工具的应用

**情境
聚焦**

今天，要上第一堂化妆课了，丽莎心里既兴奋又期盼，老师
到底会教什么呢？

古人云"工欲善其事，必先利其器"，可见好的用具和产品
对做好一件事的重要性。化妆品和工具是化妆的两项重要物质条
件，选择是否得当直接影响化妆的效果，因此应具备鉴别、选择
和使用化妆用品的能力。原来今天第一堂化妆课要学习化妆品和
化妆工具的正确选择与使用，丽莎心里非常期盼，她对化妆品和
化妆工具只有一些模糊的认识，始终没弄明白到底需要哪些，今
天终于可以有一个全面的认识了。如今化妆品和化妆工具琳琅满
目，质量参差不齐，该怎么去选择呢？通过这堂课就可以给自己
准备一套专业而又齐全的化妆用具了，赶紧和丽莎一起去认识它
们吧！

我们的目标是

着手的任务是

- 化妆品的认识和选择
- 化妆工具的认识和选择

- 能识别各类化妆品的分类及用途
- 能识别各类化妆工具的分类及用途
- 初步掌握化妆品、化妆工具的使用方法

任务实施中

任务一　化妆品的认识和选择

任务目标

● 熟悉各种修饰类化妆品，并懂得如何选择与应用

任务实施

课前热身

　　每位学生课前对彩妆产品进行初步了解（通过市场或者妈妈的化妆品），并至少选择一样化妆品带到课堂，并将所带化妆品介绍给老师和同学们。

　　广义的化妆品包括洁肤类、护肤类和修饰类三大类，本次任务主要介绍化妆师常用的修饰类化妆品，也称彩妆用品。按照不同的使用部位，可分为脸部彩妆品、眼部彩妆品和唇部彩妆品，下面让我们一起去认识它们。

一、脸部彩妆品

1. 粉底

　　粉底是完善肌肤的法宝，用于调整肤色，遮盖瑕疵，体现质感，修饰脸形。如今的粉底，已告别了以遮瑕为目的的单一使命，而是集美白防晒、控油保湿、抗老修护于一体，变成了高科技产品。粉底的主要成分是颜料、油分、水和色素，由于质和量的不同可以分为以下四种。

　　（1）液状粉底：又称粉底液。含有油脂和水分，便于涂抹，效果真实自然。（见图1-1-1）

（2）乳状粉底：是由粉质和水油成分组合而成的，质地较稠，遮瑕效果比液状粉底好。

（3）膏状粉底：多为霜剂和固体，含油分和粉料偏多，质地密实，遮瑕效果很强，很容易改变原有的肤色和肤质。（见图1-1-2）

（4）粉饼：主要成分是粉料和少量的油脂，上妆后皮肤细腻柔滑，具有较强的遮盖力。粉饼体积小，携带方便，适合外出补妆。（见图1-1-3）

图1-1-1　　　　　　　　图1-1-2　　　　　　　　图1-1-3

✿ 选择小提示

液状粉底适合于生活妆及肤质较好的人使用；乳状粉底待妆时间较长，更适合皮肤较差的人群；膏状粉底适用于浓妆，还可做局部的遮瑕；粉饼分为干性和湿性两种，干性粉饼适用于油性皮肤，湿性粉饼适用于干性皮肤。

❀ 相关链接

除以上介绍的粉底之外，近几年非常受欢迎的另一种底妆产品是BB霜，它有管状和盒状两种，盒状就是把海绵浸透BB装在粉饼盒子里的气垫，最早是由德国医师发明并在韩国发扬光大，集隔离、防晒、控油、美白、遮瑕、修复于一身的底妆或妆前产品，是快捷时代的底妆法宝。BB霜功能虽多，但每个功能效果都不完善，遮盖力稍弱。

2. 蜜粉

蜜粉又称定妆粉、散粉，专业定妆的产品。用于全脸定妆，防止彩妆脱落，保持妆面洁净细腻，减少面部反光，使妆面自然持久。定妆粉可分为透明、有色、珠光三种。（见图1-1-4、图1-1-5）

图1-1-4

图1-1-5

💥 选择小提示

　　色彩要选择与肤色接近的颜色，不可过白，选择时以质感细腻、光滑透明的产品为佳。如需体现皮肤的通透感，可适当使用珠光类定妆粉。

3. 腮红

　　腮红又叫胭脂，可以修饰脸形，增加面部的红润健康感，可分为粉状和膏状两种。

　　（1）粉状腮红：质地轻薄，含油量少，有珠光和亚光两种，珠光可使皮肤看起来清透，亚光腮红突出面部色彩。（见图1-1-6）

　　（2）膏状腮红：含油成分，上色较好，能体现皮肤质感，可用手涂抹。（见图1-1-7）

💥 使用小提示

　　粉状应用最为广泛，适用于各种妆型，定妆后使用；膏状能很好地贴合皮肤，特别适合干性皮肤和透明妆使用，在定妆之前使用。

图1-1-6

图1-1-7

4. 遮瑕膏

遮瑕膏是一种特殊的粉底，成分与膏状粉底相似，遮盖力比粉底更强，可以有效修饰、遮盖黑眼圈、色斑和色素沉积。（见图1-1-8）

> 💣 **使用小提示**
>
> 　通常大面积遮瑕可在施粉前实施，比如大面积色斑、胎记或严重的黑眼圈，而一些小的痘印、斑点可以在打粉底后使用。需要注意与粉底颜色的衔接。

图1-1-8

二、眼部彩妆品

1. 眼影

眼影是加强眼部立体效果、修饰眼形以衬托眼部神采的化妆品，其色彩丰富，品种多样。根据质地不同分为眼影粉、眼影膏两种。

（1）眼影粉：最为常用，色彩丰富，为眼部增添迷人的层次感和立体感，有珠光和亚光之分。珠光眼影可体现光泽和色泽，亚光眼影可更好地体现色彩与眼部立体结构。（见图1-1-9）

（2）眼影膏：含油脂成分，质地润泽。（见图1-1-10）

> ❄ **选择小提示**
>
> 　最常用的为眼影粉，任何妆容都适用；眼影膏可直接用手指推开，适合表现水润型的眼妆。

图1-1-9

图1-1-10

2. 眼线饰品

眼线饰品用于调整和修饰眼形，增加眼部神采。主要分为眼线笔、眼线液、眼线膏三种。

（1）眼线笔：由蜡质成分组合而成，较常用黑色，妆感自然，但因笔芯较硬，要小心描画。（见图1-1-11）

（2）眼线液：市面上较常见的眼线修饰用品，液体状，描画润滑流畅，但不易修改。（见图1-1-12）

（3）眼线膏：含有油脂的膏状眼线用品，色彩浓重，不易脱妆。配用眼线刷描画，可塑性强，可以随意画出想要的形状。（见图1-1-13）

> 🔔 选择小提示
>
> 初学者适合用眼线笔，因其容易把控和修改；眼线液着色力强，需要具备一定的描画功底；眼线膏适合表现较浓的妆容，要配备一支专用的眼线刷。要选择色彩饱和、容易上色而又不易脱妆的眼线类产品。

图1-1-11

图1-1-12

图1-1-13

3. 睫毛膏

睫毛膏是用于修饰睫毛的化妆品，用以增强睫毛的效果，增加眼部神采与魅力。睫毛膏色彩一般以黑色为主，也有蓝色、紫色等彩色睫毛膏。一般分为浓密型和纤长型，另外有"双头"的睫毛膏，即其中一头为白色或透明色，多用于给睫毛打底，起滋润和保护作用。（见图1-1-14）

💣**选择小提示**

　　根据想要表现的睫毛效果选择相适应的睫毛膏。使用寿命为3～6个月，为卫生起见，建议3个月更换新品。使用后一定要拧紧盖子，防止膏体变干。

图1-1-14

4. 眉笔、眉影粉、眉胶

　　这三种都是修饰眉毛的化妆品，眉笔为铅笔状，眉影粉为粉块状，眉胶似防水睫毛膏。

　　（1）眉笔：眉笔由蜡质成分组合而成，质地较硬，色彩饱和，可流畅地画出线条。（见图1-1-15）

　　（2）眉影粉：常用黑色、灰色、棕色三种，一般选择与毛发和眼球相近的颜色。质地同眼影，可用眉刷沾取眉影粉描画出自然眉形。（见图1-1-16）

　　（3）眉胶：也叫染眉剂，有黑色、褐色、棕色等色系，眉胶可以给眉毛塑形，使眉毛自然立体。

💣**选择小提示**

　　眉影粉适合眉色偏淡的人群，效果自然柔和；眉笔适合表现眉毛的立体感以及质感。两者可以配合使用。想要表现眉毛根根分明的质感，可以通过使用眉胶来达到。

图1-1-15

图1-1-16

三、唇部彩妆品

1.唇膏、唇彩、唇蜜

唇部彩妆品能修饰唇形，强调唇部色彩及立体感，一般分为唇膏、唇彩、唇蜜。

（1）唇膏：呈固体状，粉质多，附着力强，颜色饱和。（见图1-1-17）

（2）唇彩：呈液体状，略带色彩的半透明状，搭配唇膏使用，可形成如水状的薄膜，让唇形饱满生动。（见图1-1-18）

（3）唇蜜：较为水亮，透明度高，适用于清透淡雅的妆面。

选择小提示

选择时除考虑到颜色外，其延展性也很重要，如唇彩能否均匀地覆盖在双唇上，而不会产生色彩不均匀的现象。

图1-1-17

图1-1-18

2. 唇线笔

唇线笔外形如铅笔，芯质较软，用于描画唇部的轮廓线。唇线笔配合唇膏使用，可以矫正唇形，增强唇部的立体感。（见图1-1-19）

💣 **使用小提示**

当选择唇线笔颜色时，应注意与唇膏色选同一色系，且略深于唇膏色，使唇线与唇色相融合。一般淡妆不使用唇线笔。

图1-1-19

 任务评价

实物识别

1. 教师准备好所有彩妆用品，打乱放置在一起。

2. 全班分成4组，教师随机将化妆品分配给每个组。

3. 每个组选一名组长，组长考核组内学生识别化妆品（至少5样），并描述出化妆品的功能，组长由教师考核，并填写下表。

评价内容	内容细化	分值	评分记录分配		
			学生自评	组长评分	备注
完成情况100分	说出名称（5样）	60			
	描述功能	40			
	总分100分				

说明：1. 备注栏可记录扣分原因。

2. 训练时可自由配对，考核时随机配对。

任务拓展

一、思考题

1. 彩妆用品分别包括哪些?

2. 请简述唇膏、唇彩、唇蜜的区别。

二、课外收集

通过网络收集各类彩妆用品,制作成自己的彩妆品小册子。

知识延伸

类似化妆品比较

1. 粉状眼影与膏状眼影的区别

答:粉状眼影目前也分为珠光和亚光两种,选购时要注意看粉质的细腻程度、丰润程度,同时,涂抹少量在手背上辨别颜色的饱和度。一般化妆都选用粉状眼影。

优点:粉比较好控制,两种颜色的眼影易于调和。

缺点:易掉粉,容易画脏。

膏状眼影是含油分的眼影,通常质地较浓稠,能营造充满光泽感的妆效,让眼妆水润、轻薄、透明。

优点:使用方便、简单,用手指就能将其推匀,色彩浓烈、光泽度高。

缺点:带妆时间短,很容易因为眼部油脂浸润而糊妆,而且两种色彩的眼影膏不易调和。

2. 眼线笔、眼线液与眼线膏的区别

答:眼线笔:操作简单,色泽相对柔和自然,便于修改,不过大多数眼线笔画的眼线防汗的效果都不太理想,最好再使用定妆粉固定。

眼线液:妆效清晰,色泽饱和,描画时线条流畅,根据眼线液的不同设计粗细、浓淡可供选择,一般也比较稳定持久,较眼线膏更容易掌握。

眼线膏:妆效鲜明浓郁,容易脱落晕染,适合做眼线效果鲜明的妆面使用,也可以描画较为粗重的眼线。对化妆的技巧要求略高。

3. 眉笔和眉影粉的区别

答:两者都可以使用,看个人的喜好。相对来讲,眉影粉适合眉色较淡而又不太会画眉的人使用,色彩比较柔和;眉笔适合眉色较深,重在把眉毛一根根描出来，如要打造出立体的眉形。两者也可以结合使用，眉影粉打底定出眉形，再用眉笔一笔笔描画，描出立体生动的眉形。

4. 唇膏、唇彩、唇蜜的区别

答：唇膏就是最原始、最常见的口红，一般是固体，质地比唇彩和唇蜜要干和硬，色彩饱和度高，颜色遮盖力强。

唇彩的颜色相对于唇蜜比较厚，遮盖力较强，色彩比较丰富，可以营造水亮的效果。一般是棒状的，带刷的那种，还有质地比较黏稠的半固体或固体唇彩。

唇蜜是牙膏状的，一般来说颜色都非常淡，属于啫哩型，视觉效果晶莹剔透，遮盖力较差，适合淡妆、透明妆或者裸妆，专业化妆上一般都用它和唇膏搭配使用，较少单独使用。

想给嘴唇最大限度的修饰，可以先用唇膏描出唇部轮廓，并且打底，然后涂上透明或者相似色系的唇彩或唇蜜以提亮。

任务二　化妆工具的认识和选择

任务目标

● 熟悉各种化妆工具，并懂得如何选择、应用与保养

任务实施

一套优质的化妆工具是化好妆的基础，深入了解化妆所需的一些基本工具，就能在化妆时做到从容自如，有的放矢。

一、化妆海绵

化妆海绵是涂抹粉底用的专业工具。它可以使粉底涂抹均匀，并且使粉底与皮肤紧密地结合。

选择建议：首先，选择质地柔软、有弹性、密度大的产品。其次，根据具体的化妆部位挑选不同形状的化妆海绵。（见图1-2-1）

图1-2-1

使用方法：使用之前先把海绵浸泡在干净的水中或使用喷壶将海绵喷湿，再挤出水分。

图1-2-2

二、化妆粉扑

化妆粉扑是给全脸定妆的工具，也可做化妆时避免弄花妆面而用的衬垫。最好准备两个以上。（见图1-2-2）

选择建议：建议选择天鹅绒面、触感蓬松又轻柔、大小适宜的粉扑。

使用方法：粉扑蘸上蜜粉，轻轻将其揉开，使蜜粉在粉扑上分布均匀，再用粉扑按压脸部各个部位定妆。另外，也可将粉扑套在小手指上，帮助我们在化妆过程中保持妆面的洁净度。

三、修眉刀

修眉刀用于修整眉形及修理多余的毛发，有去除毛发快而边缘整齐的特点。（见图1-2-3）

图1-2-3

四、剪刀

剪刀用于修剪美目贴及杂乱或下垂的眉毛，修剪假睫毛等。（见图1-2-4）

图1-2-4

五、眉钳

眉钳用于修剪眉形、美目贴和假睫毛等。（见图1-2-5）

图1-2-5

六、睫毛夹

睫毛夹是使睫毛卷曲上翘的工具。弧度以能较好与眼形吻合为准。此外，要备一把局部睫毛夹，用来夹翘一些平常睫毛夹不容易夹到的睫毛。（见图1-2-6）

选择提示：挑选时应观察橡胶垫是否结实，有无弹性；夹口与橡胶垫一定要能够完全吻合，否则极易夹断睫毛。

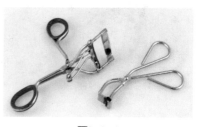

图1-2-6

七、假睫毛

假睫毛可使睫毛看起来纤长浓密。假睫毛的种类多样：色彩丰富的假睫毛可增强妆面的创意感；透明假睫毛可以使睫毛看起来更加真实；单根假睫毛可用于嫁接上下睫毛。（见图1-2-7）

图1-2-7

八、睫毛胶

睫毛胶用于粘贴假睫毛或面部饰物。（见图1-2-8）

选择建议：一般挑选乳白色产品，因为其干后无色透明，不会影响面部妆色。

图1-2-8

九、美目贴

美目贴是用来矫正眼形、塑造双眼皮的工具。（见图1-2-9）

选择建议：选择质感较薄且半透明的产品，使用后修饰痕迹不明显，效果自然。

图1-2-9

十、刷具

刷具因用途、质地而丰富多样。

1. 扇形刷

扇形刷的毛质为黄尖峰，外形饱满。用以扫除面部多余的浮粉或落下的杂质，是化妆刷中最大的一种毛刷。（见图1-2-10）

图1-2-10

2. 修容刷

修容刷通常在化妆结束后涂阴影色，用于修饰面部轮廓。其中较大号的修容刷也可以用作蜜粉刷。（见图1-2-11）

图1-2-11

3. 胭脂刷

胭脂刷的毛质通常为马毛，用来刷腮红。一般选用两款腮红刷才能修饰出最完美的气色与轮廓。扁平的宽口弧度腮红刷可用来刷饰面部红润健康的皮肤颜色；窄口斜面的扁平腮红刷则更便于打出具有收缩功效的修容性腮红。（见图1-2-12）

图1-2-12

4. 粉底刷

粉底刷的材质为尼龙，用于涂抹液体粉底，可使粉底涂抹均匀，节约粉底用量。（见图1-2-13）

图1-2-13

5. 眼影刷

眼影刷的毛质通常为黄狼尾，用于涂抹眼影。表现完美眼影时，需要三支以上大小不同的眼影刷。圆弧状的大眼影刷可蘸用浅色或中间色眼影；具有一定弧度的尖头眼影刷用于描画角度（如倒钩眼影）；最小号的眼影刷（圆弧状笔端或扁平刷）用来画最深色的眼影或修饰眉形。建议不同色系选用不同刷子，以保证颜色纯正。（见图1-2-14）

6. 眼影棒

眼影棒的材质多为海绵，主要用于描画色彩较浓重的眼影。浅色和深色分头使用，以保证色彩的纯正。（见图1-2-15）

图1-2-14

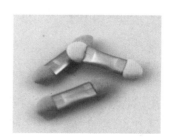

图1-2-15

7. 睫毛刷

睫毛刷的材质多为杜邦尼龙毛，可将落于睫毛上的余粉刷除，或将黏结的睫毛膏刷开，也可梳理眉形。（见图1-2-16）

图1-2-16

8. 眉梳

眉梳为特制梳子，用于整理和协助眉毛修剪，也可梳理粘连的睫毛。（见图1-2-17）

清洁保养建议：如果梳子上沾满了黑乎乎的睫毛膏或者眉粉，一定会影响你的上妆效果。可以先在清水中浸泡一会儿，再用针裹棉丝蘸酒精擦拭梳齿。

图1-2-17

9. 唇刷

唇刷的毛质多为黄鼠狼毛或尼龙，用于涂抹唇膏等唇部化妆品，一般为尖头。（见图1-2-18）

保养建议：保养好刷毛是关键，因此每次使用后都要用纸巾把上面的唇膏擦拭干净，理顺刷毛，再盖上刷帽。

小提示：当使用不同颜色的唇膏时，要在纸巾上蘸上唇部清洁霜把唇刷仔细地擦拭一下，然后用蘸了水的纸巾再擦一遍。

图1-2-18

10. 眼线刷

眼线刷的毛质为黄狼尾。蘸水式的毛笔状眼线刷，利于描绘精致的眼线，甚至在描画精细的眉形时亦可使用。（见图1-2-19）

11. 眉刷

眉刷的毛质为黄狼尾，可蘸取眉粉描画眉毛，请选择刷毛扁平、不分散的斜面眉刷，刷后的眉形较为自然。（见图1-2-20）

图1-2-19

12. 遮瑕刷

遮瑕刷用于蘸取粉底，遮盖面部瑕疵、眼袋、黑眼圈，以及修改化妆时出现的细小错误。毛质多为黄狼尾。（见图1-2-21）

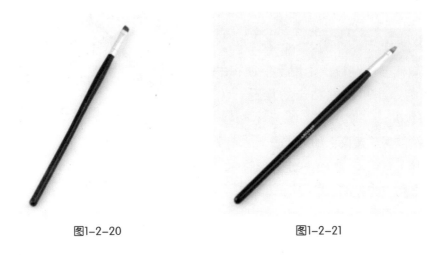

图1-2-20　　　　　　　　　　　图1-2-21

❀ 相关链接

刷具选择窍门

选择天然材质制成的化妆刷，使用感觉更加轻柔，上妆效果更加细腻。首先，看一看毛质部分的弹性；其次，也可以接触一下手背，压按一下，感受这支毛刷和皮肤接触的质感，看一看它是否会掉毛；最后，还有一个小方法——你可以把毛刷直接贴在桌面上，好的毛刷的外沿线是非常圆润且没有缺口的。

十一、清洁用品

清洁用品如棉棒、化妆棉等，用于去除面部污秽，也可用来卸妆。最好选择经过消毒处理的纯棉产品。（见图1-2-22）

图1-2-22

十二、其他装饰物

其他装饰物如水钻、羽毛、甲片等，都可为妆面增添新意与神采。（见图1-2-23）

图1-2-23

十三、化妆箱（包）

化妆箱便于物品的排放，但较重，化妆包相对比较轻便。挑选时要注意空间结构的合理性，可将化妆品和化妆工具有序地放置在里面，同时对它们起到一定的保护作用。（见图1-2-24、图1-2-25）

图1-2-24

图1-2-25

 任务评价

实物识别

1. 教师准备好所有彩妆用品和彩妆工具，打乱放置在一起。

2. 全班分成3组，每个组分别选出脸部、眼部、唇部的化妆品和相应的化妆工具。

3. 每个组选一名组长，组长考核组员对化妆品和化妆工具进行配对（至少5组），并描述出使用功能，组长由教师考核，并填写下表。

评价内容	内容细化	分值	评分记录分配		
			学生自评	组长（教师）评分	备注
完成情况 100分	化妆品和工具配对	60			
	描述功能	40			
	总分100分				

说明：1. 备注栏可记录扣分原因。
　　　2. 训练时可自由配对，考核时随机配对。

 任务拓展

　　刷具是极为重要的化妆工具，市场上刷具林林总总，质量参差不齐，请利用课余时间去市场对刷具的材质进行调查，并分析记录各种材质的刷具特点。

 知识延伸

常用化妆工具的保养

　　化妆工具的保养非常重要。化妆工具如果保养不当，不但会缩短化妆工具的使用寿命，还会直接影响化妆工作的效率。因此，我们在平常要做好对化妆工具的保养工作。

　　1. 化妆海绵与粉扑的清洗

　　（1）化妆海绵保养方法：使用之后要用香皂彻底清洗干净。最好每次清洗过后都能放到通风处，让其自然风干。

　　● 小提示：如果清洗之后触感变得不好，当边缘呈现破碎的状态时，就该换新的了。

（2）粉扑保养方法：刚刚买回来的粉扑也要清洗一下，使之在使用时让皮肤有轻柔舒适的感觉。如果使用时失去轻柔质感的话，就需要用香皂清洗一下。粉扑清洗之后，不要用手拧，要用毛巾卷着拧出多余的水分，然后在阴凉处彻底晾干。尽量将粉扑独立地装在一个盒子里，以保持其清洁，不与其他彩妆用品混色。

● 小提示：如果你怎么揉搓，粉扑都无法恢复表面弹性，并变得发硬，就说明它该"退役"了。

2. 刷具的清洁和保养方法

清洁技巧：清洗化妆刷的时候，在温水里放少量的洗发香波，把化妆刷放在水中轻轻地涮，洗干净后用护发素保养一下，再用清水洗干净。其实和人的毛发清洁护理差不多，因为很多刷子是用动物的毛制成的。最后用毛巾卷住刷子将其水分拧出，在阴凉处晾干，用手指轻轻弹，使其恢复蓬松的状态。

保养方法：尽可能在每次使用过后都将上面的化妆粉用纸巾擦拭干净。

● 小提示：一般情况下刷子只需3~6个月洗一次，如果保养得好，可以使用很长时间。

 项目总结

本项目主要讲解了化妆品与化妆工具的选择和应用，通过本项目的学习，能了解化妆品与化妆工具的种类、性质和作用，具备选择和鉴别化妆品与化妆工具的能力，并能在实际操作中进一步掌握要点、正确选择和使用，为熟练掌握化妆技术打下基础。化妆品与化妆工具种类繁多，除了课堂学习之外，平时还要多关注化妆品市场的流行动向。化妆品的选择不单纯以价格作为衡量标准，关键是要适合自己。作为初学者，建议选用质量过硬而又价格适中的化妆品与化妆工具。

综合运用

1. 分组（4人一组）调研目前彩妆品市场，了解至少5种国内外知名彩妆品牌，并填写下表，记录各类知名彩妆品牌的品牌历史、品牌理念、品牌定位、经典产品等。

品牌名称	品牌历史	品牌理念	品牌定位	经典产品

2. 通过本项目的学习，为自己选择一套专业化妆用具，下次上课时带来。

项目二

面部底色的塑造

情境聚焦

丽莎终于买齐了所有的化妆用品，她拎着化妆箱，感觉自己像个专业化妆师了，一种自豪感油然而生，她已经迫不及待地想去摆弄这些宝贝了。今天，老师要求带上所有工具，要开始教她怎么运用了。

要掌握好整体的容貌美化技术，首先应熟练掌握构成整体妆容的各个局部的修饰与描画，然后才能追求妆容的整体协调和变化。本项目学习面部底色的塑造，是整个化妆程序的第一步。正所谓"万丈高楼平地起"，打造地基尤为关键。化妆中面部打底的地位犹如地基，是决定化妆效果好坏的基础。通过底色的涂抹，可以遮盖面部瑕疵，调和肤色，改善皮肤质地。更神奇的是运用不同深浅的粉底可以塑造出凹凸有致、富有立体感的底妆，让脸形更完美。粉底真的有那么神奇吗？下面让我们和丽莎一起去学一学，做一做。

着手的任务是

- 基础底妆的涂抹
- 不同脸形的底色修饰

我们的目标是

- 能区分不同脸形的特征
- 掌握面部底妆的涂抹方法
- 掌握立体打底的塑造方法
- 掌握各种脸形的底色修饰方法

任务实施中

任务一　基础底妆的涂抹

 ## 任务目标

● 通过面部底色的涂抹练习，能独立掌握基础的面部打底工作
● 学会根据不同肤色选择适合的粉底

任务实施

妆面的浓淡不同对粉底的要求也有所不同，初学者需要先掌握淡妆基本的打底程序，再进一步学习较复杂的立体打底方法。下面我们先来学习基础底妆的涂抹。

一、准备工作

在每次化妆操作之前均要先做好以下三个方面的工作。

1. 材料准备

面部打底所需化妆用品：遮瑕膏、粉底液、定妆粉。

所需化妆工具：化妆海绵、喷水壶、粉扑、小号笔1支。

将所需材料按使用顺序在化妆台上摆放整齐，化妆工具应清洗干净并消毒。（见图2-1-1）

2. 化妆师准备

仪表要求：化妆师着装要得体大方，干净整洁。以方便

图2-1-1

工作为准则。

仪容要求：化妆师本人要化自然、干练的淡妆。发型整洁美观，不要出现过长过于凌乱的发型，要便于工作。整体给人以专业、自信的印象。

卫生要求：化妆师在为顾客化妆前要将双手清洗干净。指甲不可留得又尖又长。保持口腔清洁，切忌出现异味。（见图2-1-2）

3.化妆对象准备

给化妆对象围上围布，以免化妆品弄脏衣服；

将化妆对象头发全部向后梳并固定住，以免影响化妆；

给化妆对象做好面部润肤和隔离工作。

图2-1-2

✺ 相关链接

化妆师工作要求：a.工作要化淡妆，随时保持个人卫生；b.要保持口腔卫生清洁，工作前不吃韭菜、蒜等带有刺激气味的食物，不吸烟，不喝酒，工作中不嚼口香糖；c.化妆海绵、粉扑要做到一客一洗，进行消毒；d.化妆品和化妆箱保持整洁、干净；e.化妆时，化妆师应站在化妆对象的右面，不能将手按压在顾客的头部、肩部，不能将身体靠在顾客身上，以免使顾客有不适的感觉；f.要与顾客有所交流，随时关注顾客的感受，对顾客要热情、诚恳、礼貌。

二、具体操作步骤

第一步：修颜

修颜就是用修颜液修正颜色。主要是用彩色系粉底修饰并调整肤色，让后上的彩色系粉底更自然、清透。要根据化妆对象的肤色情况选择正确的修颜液色。（见图2-1-3）

用量要少，先用手指取适量修颜液分别点于额头、两颊、鼻尖、下巴，然后用中指和食指指腹均匀地推开涂抹，起到调整肤色的作用。（见图2-1-4）

图2-1-3   图2-1-4

温馨提示

　　修颜液是否使用要根据对象的皮肤状况而定，如肤色较好，则此步骤省略。修颜液有不同的色系与适用肤色，如紫色适合皮肤偏黑偏黄人群，绿色适合皮肤偏红人群，蓝色适合皮肤灰暗无光泽人群，要学会正确选择。

第二步：遮瑕

　　面部如有色素沉淀、雀斑等问题，先用遮瑕膏进行局部遮盖减弱，用小号笔点盖上去，再用指肚轻按。（见图2-1-5）

　　眼袋明显者，用遮瑕膏轻轻地按压在眼袋的阴影处，减弱眼袋的灰暗色。泛青的眼圈可选用浅橙色系的遮瑕产品，泛棕色眼圈可选用米黄色系的遮瑕产品。（见图2-1-6）

图2-1-5   图2-1-6

第三步：涂抹粉底

选择与肌肤接近或相同的粉底膏进行打底。

先用喷水壶将海绵充分喷湿，并挤掉多余的水。

用海绵蘸适量粉底，在额头、眼周、鼻、面颊和下巴等部位依次涂抹，总体涂抹顺序是由内至外、从上至下。涂抹时由内向外拉抹并可稍加按压，使粉底服帖均匀，注意不要遗漏眼睑、鼻翼、嘴角、发际线等小部位，并注意与颈部的衔接。（见图2-1-7、图2-1-8）

图2-1-7

图2-1-8

第四步：定妆

选择与肤色颜色接近的蜜粉定妆。

用粉扑蘸取适量蜜粉，并进行搓揉使粉量均匀。

用按压的手法对面部各个部位进行定妆，要注重局部尤其是眼部周围的定妆。（见图2-1-9）

也可用大号刷蘸适量蜜粉，均匀地扫在面部各个部位进行定妆。（见图2-1-10）

图2-1-9

图2-1-10

三、注意事项

1. 前面是针对有一定问题的皮肤的完整打底步骤，如果皮肤质地较好，可以选用质地轻薄的粉底液打底，也可省去遮瑕这一步骤。粉底液打底的方法：取适量粉底液分别点在额头、两颊、鼻头和下巴，用中指和无名指的指腹均匀抹开（见图2-1-11），也可用刷子先大面积刷开（见图2-1-12），再用海绵拍擦均匀，最后用蜜粉或粉饼定妆。

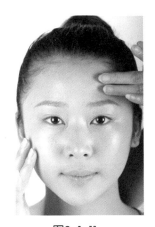

图2-1-11

图2-1-12

2. 上粉底时，眼部周围用力要轻，避免伤害眼部娇嫩肌肤。在擦抹粉底时，要顺着毛孔斜向下擦抹，以免堵塞毛孔。选用何种打底方法可根据个人喜好而定，但最终底色的效果要力求做到服帖、均匀、自然。（见图2-1-13、图2-1-14）

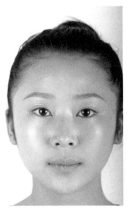

图2-1-13

图2-1-14

任务评价

同学们两两配对，互相练习基础底妆的涂抹，完成后按照下表进行评比。

评价内容	内容细化	分值	评分记录分配			
			学生自评	学生互评	教师评分	备注
完成情况 90分	准备工作	10				
	涂抹粉底	30				
	定妆	20				
	底妆完成效果	30				
职业素质 10分	团队合作	5				
	遵守纪律	5				
总分100分						

说明：1. 备注栏可记录扣分原因。
　　　2. 训练时可自由配对，考核时随机配对。

 **任务拓展**

课外练习

1. 作为化妆师给别人带去美的同时也要懂得如何修饰自己，用粉底液或粉底霜修饰自己的皮肤，并拍下妆前妆后照。

2. 课余时间进一步了解各种底妆产品的特点。

 **知识延伸**

粉底的选择及其对皮肤的修饰作用

1. 粉底颜色的选择

（1）选择粉底颜色的基本原则：所选的粉底颜色要与肤色相接近。

（2）根据妆型的需要选择粉底颜色，淡妆一般选颜色自然的粉底液，浓妆一般选遮盖力较强的粉底膏。

（3）光线及照明不同，粉底色也应不同。

2. 粉底的颜色及适用的肤色

（1）米色：使皮肤显得自然、洁白而细腻，适用于肤色较白的人。

（2）土色：使皮肤显得自然，修饰感少，适合健康红润的皮肤。

（3）粉红色：使皮肤显得细嫩、红润，适合于苍白缺血和面色枯黄的人。

（4）浅绿色、浅蓝色：用于红脸膛或有红血丝的皮肤，可消弱赤红脸的颜色。

（5）浅咖啡色：主要用于男妆或皮肤较黑的女性。

（6）白色：主要用于立体打底中的高光色。

（7）咖啡色：主要用于立体打底中的暗影色。

3. 底色对皮肤的修饰作用

底色对皮肤的修饰主要有调整肤色、紧致皮肤、提升皮肤质感、掩盖脸部瑕疵等几个方面。

（1）调整肤色。

随着年龄的增加、环境的影响，人的皮肤会渐渐变得粗糙、灰暗。化妆中的肤色调整是利用色彩补色原理进行修饰与调整，让肤色变得白皙、健康。

（2）紧致皮肤。

化妆中的紧致皮肤不同于美容中的紧致皮肤，美容是通过产品或仪器来紧致皮肤，化妆中的紧致皮肤是通过化妆技术，运用粉底的明暗变化使人们产生视错觉。这在后面的立体打底中我们会专门介绍。

（3）提升皮肤质感。

随着现代科学技术的发展，粉底的质地也有了越来越多的选择。我们可以通过不同的粉底产品打造不同质感的皮肤。亚光质地的底色使皮肤紧致、清爽、不油腻，给人古典感；油光质地的底色使脸部透明、水嫩，给人夏日感；闪亮质地的底色使皮肤有亮泽、细致、自然的珠光效果，给人轻盈、耀眼的时尚感。应针对不同的妆型，选择相应的底色质感。

（4）掩盖脸部瑕疵。

面部皮肤如有色素沉淀、痣、雀斑等瑕疵，会影响脸部的美观，这时需用遮瑕产品进行遮盖，使整个面部肤色变得均匀、自然，使妆容显得更清爽、靓丽。但不是所有的瑕疵都能完全遮盖，如突出的痣或痘印，化妆只能起到减弱的作用。

任务二　不同脸形的底色修饰

 任务目标

● 认识不同脸形的特征
● 掌握立体打底的方法
● 掌握各种脸形的底色矫正方法

任务实施

　　脸形与容貌的关系十分密切，脸形美，化妆效果就相对完美，其中椭圆形脸是公认的美的脸形。但漂亮的脸形不可能人人拥有，这就需要通过立体打底来修饰脸形，使之接近完美的比例。所谓立体打底就是借用色彩的明暗关系，利用深浅不一的粉底在脸的各个部位进行弥补与修饰，以达到完美协调、富有立体感的效果。

一、立体打底的操作步骤

1. 准备工作

　　（1）认识脸形美的标准。

　　脸形是指当平视脸部正面时，脸部轮廓线构成的形态。中国当代审美以椭圆形为标准来衡量女性理想的脸形，认为椭圆形脸最具女性特色，是东方女性的标准脸形。椭圆形脸（也称鹅蛋脸）：上额发际线呈圆弧形，下颌呈尖圆形，颧骨部分最宽，面颊饱满呈弧形，脸的长宽比例为4∶3。（见图2-2-1）

图2-2-1

（2）材料准备。

面部打底所需化妆用品：粉底（基础底、高光、暗影）、定妆粉、双色修容饼。

所需化妆工具：化妆海绵、喷水壶、粉扑、中号笔、高光刷、暗影刷。（见图2-2-2）

2. 立体打底的具体操作步骤

图2-2-2

第一步：基本底

部位：全脸

方法：选择与肤色接近或相同颜色的粉底膏，用喷湿的海绵配合拍擦结合的手法由内至外均匀地涂在脸上。注意鼻翼、眼窝、嘴角、发际线等细节部位，同时注意与脖子的自然衔接。

作用：调整肤色，改善皮肤的质感，遮盖面部瑕疵，使皮肤显得光洁细腻。

第二步：高光

部位：希望突出或隆起的部位。如T字部位、下眼睑三角区、唇峰、下巴中间等部位。"T"字部位范围：眉骨和鼻梁形成英文字母"T"字。下眼睑提亮区：内眼角至鼻翼，鼻翼到外眼角呈三角形。

手法：选用比基础颜色浅1~2个色号的粉底膏。先用小号刷子蘸取适量高光色，刷在所有希望提亮的部位，再用潮湿的海绵轻拍过渡使粉底服帖，并让高光色与基础底自然衔接。注意"T"字部位是所有高光中最亮的部位。

作用：突出内轮廓，高光的范围应根据不同的脸形灵活运用。（见图2-2-3）

第三步：暗影

部位：需要缩小或凹下去的部位，如颧骨两侧、下颌骨，鼻两侧，额头边缘等部位。

手法：选用比基础底颜色深1~2个色号的粉底膏，先用刷子蘸取适量暗影色刷在所有需要收缩的部位，注意少量多次逐步加深过渡。再用潮湿的海绵轻拍衔接，让暗影色与基础底自然衔接。

作用：收缩外轮廓，暗影的范围也要根据不同的脸形进行有针对性的修饰。（见图2-2-4）

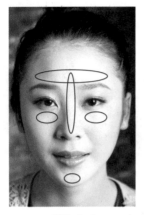
图2-2-3

图2-2-4

二、不同脸形的修饰方法

1. 面部立体结构

面部凹凸立体结构同样影响着人的脸部轮廓美感，是面部修饰的重要依据。面部的凹凸层次主要取决于面部骨骼、肌肉、脂肪层。脸部美的凹凸程度与骨骼的凹凸不完全相同。骨骼的大小、凹凸程度不同和脂肪层厚薄程度不同，以及肌肉发达程度不同，使人的面部有着千变万化的差异。

（1）凹陷的面。

额沟、颞窝、眼窝、眼球与鼻梁之间的凹面、鼻梁两侧、颧弓下陷、人中沟、颊窝、颌唇沟为脸部凹陷的面。脸部凹陷的面会影响到脸形的是颞窝、颧弓下陷、颊窝。对脸部凹陷面的刻画要小心处理，否则会有脏感或不健康感。

（2）凸出的面。

额部、额丘、眉弓、眶上缘、鼻梁、颧丘、颧骨、下颌角、下颌骨、下颌、下颌丘等为脸部凸出的面。（见图2-2-5）

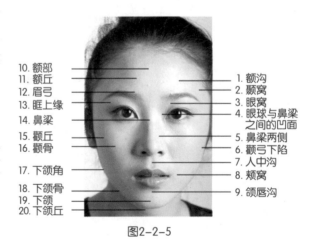

10. 额部
11. 额丘
12. 眉弓
13. 眶上缘
14. 鼻梁
15. 颧丘
16. 颧骨
17. 下颌角
18. 下颌骨
19. 下颌
20. 下颌丘

1. 额沟
2. 颞窝
3. 眼窝
4. 眼球与鼻梁之间的凹面
5. 鼻梁两侧
6. 颧弓下陷
7. 人中沟
8. 颊窝
9. 颌唇沟

图2-2-5

2. 不同脸形的修饰方法

在了解不同脸形特征的基础上，依据椭圆形脸的标准，通过立体打底的方法对各种脸形进行雕琢与矫正，来弥补其不足之处。

（1）圆形脸的修饰。

特征：额骨、颧骨、下颌、下颌骨转折缓慢呈弧面形，面部肌肉丰满，脂肪层较厚，脸的长宽比例相近。

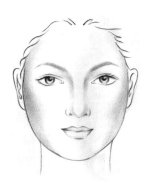

图2-2-6

矫正、提亮部位：提亮"T"字部位提到鼻尖，增加中庭的长度，下眼睑提亮区略窄，收敛脸的宽度；下颌尖提亮，增加脸的长度。

阴影部位：阴影涂在额的两侧和面颊部位，收敛脸形的宽度。（见图2-2-6）

（2）长形脸的修饰。

特征：面颊消瘦，面部肌肉不够丰满，额部与腮部轮廓方硬，三庭过长，大于3∶4的面部比例，这种脸形使人显得缺少生气，并有忧郁感。

图2-2-7

矫正、提亮部位：提亮颧骨两侧、脸颊两侧。处理方法与圆脸相反，力求用颜色使长脸横向延伸。

阴影部位：阴影涂在额头上方、发际线和下颌尖上，收短下颌的长度。（见图2-2-7）

（3）方形脸的修饰。

特征：脸的长度和宽度相近，两个上额角和下颌角较宽，角度转折明显，面部呈方形，这种脸使女子缺少女性的柔美。

矫正、提亮部位：提亮"T"字部位提到鼻尖，增加中庭的长度，下眼睑提亮略窄，收缩脸的宽度，下颌尖提亮，增加脸的长度。

图2-2-8

阴影部位：阴影打在上额角和下颌角。（见图2-2-8）

（4）正三角形脸的修饰。

特征：上额的两侧过窄，下颌骨宽大，角度转折明显，下颌与下颌骨平行，使脸的下半部宽而平。这种脸形给人以安定感，但易显迟钝，感觉脸部下垂。

矫正、提亮部位：提亮两边的太阳穴，使额角展宽，下颌尖提亮，使下颌突出。

阴影部位：阴影涂在下颌骨突出的部位，使其宽度收缩。（见图2-2-9）

（5）倒三角形脸的修饰。

特征：与正三角形脸正相反，脸部轮廓上大下小，额头宽阔，下颌较窄，给人以俏丽、秀气的印象，但也会显得单薄、柔弱。

矫正、提亮部位：提亮脸颊两侧、下巴两侧，以缓解尖瘦的感觉。

阴影部位：阴影涂在额头两侧的颞部、鬓角线部位，以收窄额头的宽度。（见图2-2-10）

（6）菱形脸的修饰。

特征：额骨两侧过窄，颧骨较宽且突出，下颌骨凹陷，下颌尖而长。

矫正、提亮部位：提亮两侧的太阳穴，下颌骨提亮，使其突出，"T"字部位、下眼睑提亮，多用浅色粉底使轮廓饱满。

阴影部位：阴影涂在颧骨部位，收缩其宽度，下颌尖涂阴影，收敛其长度。（见图2-2-11）

图2-2-9　　　　　　图2-2-10　　　　　　图2-2-11

3. 注意事项

（1）在任务实际练习的过程中不可能遇到所有的脸形，但要理解每一种脸形修饰的原理，并能在今后的实践过程中灵活运用。

（2）运用不同深浅的粉底进行立体雕琢的时候一定要依据面部结构特点，做到凹凸有致，亮色与暗色之间的过渡衔接要做到自然、柔和。

（3）提亮部位要有最亮和次亮之分，"T"字部位、下巴最亮，下眼睑三角区、外眼角外侧半圆区次亮。阴影部位也要有最深和次深之分，脸部两侧一般最深，鼻子两侧、眼窝是次深色调。只有这样，才能打造出生动、立体的脸形。

 任务评价

同学们两两配对，分别根据对象的脸形特点进行立体打底的修饰，完成后按照下表进行评比。

评价内容	内容细化	分值	评分记录分配			
			学生自评	学生互评	教师评分	备注
完成情况 90分	准备工作	10				
	基础底	20				
	高光	20				
	暗影	20				
	整体完成效果	20				
职业素质 10分	团队合作	5				
	遵守纪律	5				
总分100分						

说明：1. 备注栏可记录扣分原因。
    2. 训练时可自由配对，考核时随机配对。

 任务拓展

绘画题：请在纸上进行各种脸形的底妆修饰技法的练习（见图2-2-12至图2-2-14），工具：彩色铅笔。

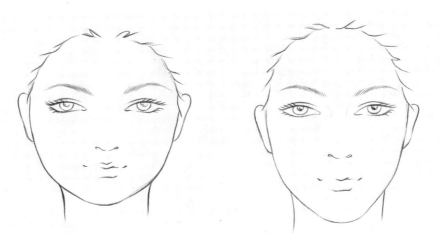

图2-2-12

图2-2-13

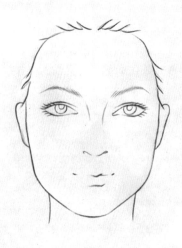

图2-2-14

 知识延伸

五官标准比例

标准脸形是椭圆形脸，而椭圆形脸的长度和宽度是由五官的比例结构所决定的，五官的比例一般以"三庭五眼"为标准。三庭：指脸的长度比例，脸的长度比例分为三个等份，从前额发际线至眉头，眉头至鼻尖，鼻尖至下颌尖，各占三分之一。五眼：指脸的宽度比例，以眼形的长度为单位，把脸的宽度分为五个等份，从右侧发际至左侧发际为五只眼长，两只眼睛之间是一只眼睛的间距，两眼外侧至侧发际各是一只眼睛的间距，各占五分之一。（见图2-2-15）

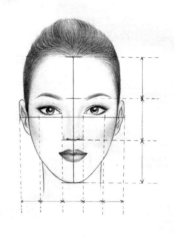

图2-2-15

从"三庭五眼"的比例标准可以得出以下结论：

（1）"三庭"决定脸的长度，其中鼻子的长度占脸部总长度的三分之一。

（2）"五眼"决定脸的宽度，两眼之间距离为一只眼睛的长度。

（3）眉头、内眼角和鼻翼外侧应基本在同一垂直线上。

"三庭五眼"是对脸形五官精辟的概括，对脸部化妆有着重要的参考价值，尤其对接下来学习"面部五官的塑造"项目有直接的指导意义。

项目总结

底妆的涂抹是化妆的第一步，是至关重要的一步，它的成功与否直接决定着整个妆面的成败。作为初学者要清晰地知道打底的基本步骤和方法，要学会了解和分析不同的脸形，并学会利用不同深浅的粉底塑造完美的脸形。在操作过程中，要做到手法轻重适宜，准备工作充分，给顾客提供细致、到位的服务，争取给顾客留下良好的印象。因此，在平时的训练中，同学们应当刻苦努力，熟练掌握相关的操作技能。

综合运用

请在班级同学中找出4种不同脸形，对她们的皮肤状况和脸形特点进行记录和分析，并写下具体的底妆修饰方案。

姓名	肤质	脸形特点	底妆修饰方案

项目三

面部五官的塑造

**情境
聚焦**

　　丽莎没想到在脸上涂个底妆都有那么多学问，完全不是原来
想象中那么简单。现在可不是仅仅学会给自己化一个妆面，而是
要给别人带去美丽，最终成为一名专业化妆师。除了学会技法，
更重要的是要具备一双会鉴别和分析的眼睛，针对不同的脸部特
征采用不同的修饰方法。

　　面部底色修饰完成后，本项目进入面部五官的具体修饰，又
可以称作基点化妆，也就是对脸部的每个局部进行化妆。每个人
的五官各有不同，有的理想不需要进行修饰，有的不够完美需
要进行修饰，这就是本项目要做的工作。基点化妆的主要任务
包括：

眉型的塑造 → 眼型的塑造 → 鼻型的塑造 → 唇部的修饰 → 腮红的修饰

　　每一项任务都有具体的修饰方法和技巧，下面让我们和丽莎
一起去学习吧！

我们的目标是

着手的任务是

- 眉形的塑造
- 眼形的塑造
- 鼻形的塑造
- 认知五官的特征
- 唇部的修饰
- 掌握五官的化妆技巧
- 腮红的修饰
- 掌握五官比例关系的修饰与调整

任务实施中

任务一　眉形的塑造

任务目标

- 掌握基本的修眉、画眉方法
- 认识各种眉形并学会矫正各种眉形

任务实施

眉的美化在古代化妆乃至现代化妆中都占有极其重要的地位。眉毛对眼睛的修饰、映衬作用表现突出，不同的眉形可以体现个人的人性特点。眉毛的修饰对于容貌是非常重要的。

一、理想眉形的修饰方法

要画出理想的眉形，必须先修剪出基本的形状，然后再细心地描画。

1. 准备工作

（1）认识标准眉形。

眉毛由眉头、眉峰、眉尾三部分相连而成，从眉头、眉峰到眉尾的线条流畅、清晰；

眉与眼大约有一眼之隔；

眉头在鼻翼或内眼角的垂直延长线上；

眉尾在鼻翼与外眼角的连线与眉相交处；

眉峰在眉头至眉尾的三分之二处；

眉头和眉尾基本保持在同一水平线上，或者眉梢略高于眉头；

眉头最粗，越靠近眉梢应越细；

眉毛的虚实应为中间实两头略虚，下线实上线略虚，眉头一般为最虚。（见图3-1-1）

（2）材料准备。

修眉工具：修眉刀、眉钳、眉剪、眉梳。

画眉工具：眉影粉、眉笔。（见图3-1-2）

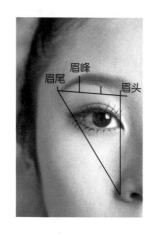

图3-1-1

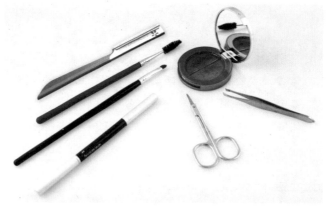

图3-1-2

2. 具体操作步骤

第一步：修眉

所谓修眉，是利用修眉用具，将多余的眉毛去除，使眉毛线条清晰、整齐和流畅，为画眉打下一个良好的基础。

目测定形：先目测，找出理想的双眉轮廓，确定好眉头、眉峰、眉尾的位置。初学者可以先用眉笔画出理想眉形的轮廓线。

调整轮廓：将皮肤绷紧后，修眉刀与皮肤成45°角，将眉毛上下、双眉之间多余杂毛剔除干净，或者用眉钳一根根拔除干净。（见图3-1-3、图3-1-4）

图3-1-3

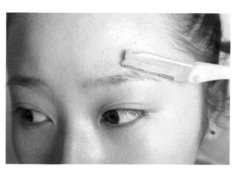

图3-1-4

　　调整长度：若是眉毛太长影响轮廓，要把过长的向下生长的眉毛修剪到合适的长度。修剪前先用眉梳或眉刷将眉毛梳顺（见图3-1-5），然后用眉剪一根根剪掉眉毛过长的部分，眉毛的下线要干净整齐。（见图3-1-6）

图3-1-5

图3-1-6

　　第二步：画眉

　　选择与发色相近或稍浅颜色的眉笔。

　　具体描画前可先用眉笔定出眉下线的基本形，使左右眉形对称。（见图3-1-7）

　　画眉时用眉笔的笔尖顺着眉毛生长的方向逐笔描画，动作要轻，力度要一致，通过笔画的疏密来控制眉色的深浅，眉头要清淡，眉峰处可稍加重些，眉尾要自然流畅。（见图3-1-8）

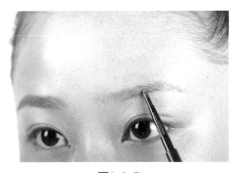

图3-1-7

图3-1-8

　　描画由眉头处开始，到眉峰处为止是渐渐上升的，到眉峰达到最高，再由眉峰处至眉梢处下降，眉形自然变细。

　　画完后，用螺旋形的眉刷或斜角眉刷沿眉形将眉毛和描画的颜色充分融合在一起。（见图3-1-9、图3-1-10）

图3-1-9

图3-1-10

3.注意事项

（1）画眉用的眉笔应该削成鸭嘴状，那样才容易描画出自然的眉毛。

（2）想要画出漂亮生动的眉形，建议用同色系一深一浅的两种眉笔或眉影粉，会画出立体、自然的眉色。（见图3-1-11、图3-1-12）

图3-1-11

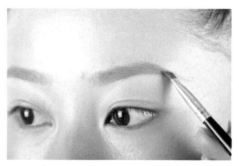

图3-1-12

（3）画眉也可以用眉影粉代替眉笔，或者眉影粉与眉笔结合着用，关键看顾客眉毛的颜色和疏密。如眉色偏浅，可以单用眉影粉，眉毛偏深，需要用眉笔一根根描画。

（4）眉色要与发色基本一致或略浅于发色，一般常用深咖啡色和黑灰色。眉色的深浅也要符合整体妆面的要求，颜色选择还要根据妆面的色调和造型化妆的特殊要求略有调整。

二、各种眉形的矫正

现实中的眉形并不都是理想的标准眉形，而是存在许多缺陷，影响面部的美观，因此应该进行矫正弥补缺陷。常见的眉形有：向心眉、离心眉、下垂眉、粗短眉、眉形散乱、眉形残缺。

1. 向心眉

特点：两条眉毛向鼻根处靠拢，间距小于一只眼的长度，向心眉使五官显得不舒展。

矫正：将眉心处多余的眉毛去除，再用眉笔描画，将眉峰位置略向后移，眉毛适度画长。（见图3-1-13）

向心眉

图3-1-13

2. 离心眉

特点：两眉间距离较远，大于一只眼的距离的长度，使五官分散，给人留下不太聪明的印象。

矫正：两眉间的距离较远，重点描画将眉向前移，眉峰适当往前移。（见图3-1-14）

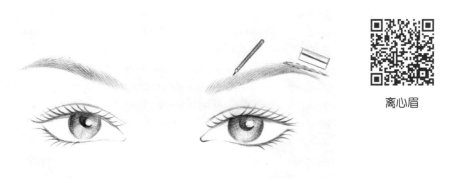

离心眉

图3-1-14

3. 下垂眉

特点：眉尾低于眉头的水平线，下垂眉使人显得亲切，过于下垂的眉使人面容显得忧郁。

矫正：去除眉头上方和眉毛下方的多余眉毛，在眉头下方眉尾上方适当补画，使眉头和眉尾保持在同一水平线或使眉尾略高于眉头。（见图3-1-15）

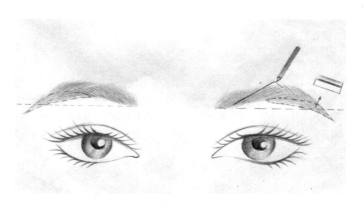

下垂眉

图3-1-15

4. 粗短眉

特点：眉毛质地粗硬，色泽深黑，眉形不够生动，偏男性化。

矫正：根据标准眉形的要求修去多余的眉毛，缺少的部分重点描画；眉毛过深可用浅色眉膏刷出想要的眉毛颜色。（见图3-1-16）

粗短眉

图3-1-16

5. 眉形散乱

特点：缺乏轮廓及整体的外部形态，五官不清晰，过于随便。

矫正：先用修眉工具剔除多余的眉毛，使眉形清晰，再根据标准眉形要求修饰，加重眉色。（见图3-1-17）

散乱眉

图3-1-17

6. 眉形残缺

特点：由于疤痕或眉毛本身生长不完整，使眉毛的某一段出现残缺现象。

矫正：先用眉笔在残缺处描画，然后再对整条眉进行描画。（见图3-1-18）

残缺眉

图3-1-18

 **任务评价**

同学们两两配对，分别根据对象的眉形特点进行修眉与画眉，完成后按照下表进行评比。

评价内容	内容细化	分值	评分记录分配			
			学生自评	学生互评	教师评分	备注
完成情况 90分	准备工作	10				
	修眉	40				
	画眉	40				
职业素质 10分	团队合作	5				
	遵守纪律	5				
总分100分						

说明：1. 备注栏可记录扣分原因。

　　　2. 训练时可自由配对，考核时随机配对。

🔧 **任务拓展**

　　绘画题：根据图片临摹4种不同的眉形，每种眉形临摹10遍。

图3-1-19

知识延伸

不同脸形适合的眉形

不同的脸形，搭配上合适的眉形，才更能诠释美的含义。

NO.1 圆形脸

给人感觉圆润、亲切、可爱，适合上扬眉，眉头眉尾不在一条水平线上，眉尾高于眉头。（见图3-1-20）

NO.2 长形脸

眉形避免过于上扬、高挑，横向水平画增加平直感，从而控制脸形长度感。（见图3-1-21）

图3-1-20   图3-1-21

NO.3 方形脸

给人感觉一板一眼，眉形描画宜粗不宜细，应往上提，眉形要柔和些，以减弱脸形的宽大感。（见图3-1-22）

NO.4 正三角形脸

给人感觉富态，眉形描画应略粗，由于腮部较大，眉形应向上且拉长些，眉峰略向后，使眉眼展开，从视觉上减弱腮部丰满度，增强中庭宽度感。（见图3-1-23）

图3-1-22   图3-1-23

NO.5 倒三角形脸

适宜上扬一点的眉形，眉峰在眉毛的三分之二处，不要过于靠外侧。眉形不宜过长，视觉上要缩窄额头的宽度。（见图3-1-24）

NO.6 菱形脸

给人感觉机敏，适宜眉形应平、长、细一些。眉形描画应上扬，由于颧骨过于宽大，为减弱"菱形"趋势，眉形向上，眉峰向外拉长。（见图3-1-25）

图3-1-24　　　　　　　　　图3-1-25

任务二　眼形的塑造

 ## 任务目标

● 通过练习，能独立完成眼部的各个环节的塑造

● 认识不同眼形并能做出合理的矫正修饰

 ## 任务实施

　　我国古典诗歌中早就有"巧笑倩兮，美目盼兮"的名句，可见眼睛在容貌美当中有多么重要的位置。眼睛描画是否成功将直接影响到整体化妆的成败。眼睛不仅是五官之首，而且是心灵之窗。眼睛本身的修饰描画较其他部位复杂，不易掌握。眼睛的修饰主要由眼影的晕染、眼线的描画、睫毛的修饰和美目贴的运用四部分组成。

一、眼影的晕染

1. 准备工作

（1）认识理想眼形。

　　理想眼形：传统习惯来看，丹凤眼、杏眼、双眼睑、眼睛大比较理想，巩膜与虹膜黑白分明的比较理想（黑白对比强的眼睛容易传神），两眼间距符合"五眼说"较理想，外眼角略向上斜、睫毛长而密较理想；眼皮厚薄应适中。修饰眼睛主要以理想眼形为依据。但是，要记住一点：眼睛的造型只有与脸形和五官比例匀称、协调一致才有美感。（见图3-2-1）

图3-2-1

（2）材料准备。

所需化妆用品：粉状眼影（多色）。

所需化妆工具：眼影刷（不同型号多支）。（见图3-2-2）

图3-2-2

2. 眼影的晕染技法

眼影的晕染技法主要有水平晕染法和立体晕染法。

第一种：水平晕染

水平晕染法是将眼影色在眼睑处渐层晕染。一种是纵向晕染，将眼影色在睫毛根部涂抹并向上渐层晕染，直至消失；另一种是横向晕染，眼尾至眼头由深到浅过渡。水平晕染法又分为单色晕染、上下两色晕染、两段式晕染和三段式晕染。

（1）单色晕染法（适合所有眼形）。

方法：将眼影色晕染整个眼睑，从眼中部的睫毛根部开始晕染，边缘无界线。（见图3-2-3）

图3-2-3

（2）上下两色晕染法（适合单眼皮、肿眼泡、烟熏妆）。

方法：强调色（偏浅色）晕染上眼睑的三分之二，边缘无界线，收敛色（偏深色）从睫毛根部开始占眼睑三分之一处做渐层晕染，与强调色上下自然衔接。（见图3-2-4）

图3-2-4

（3）两段式画法（适合任何眼形）。

方法：强调色将上眼睑分左右两部分进行涂抹，即靠近内眼角处涂一种颜色，靠近外眼角处涂另一种颜色，中间过渡要自然柔和，下眼睑同色系（边缘无界线）。此种搭配法色彩明显，修饰感强。（见图3-2-5）

两段式画法

图3-2-5

（4）三段式画法（适合眼睑较长者，适合舞台、晚宴、"T"台）。

方法：将上眼睑分为三部分，靠近内眼睑涂一种颜色，中间涂一种颜色，靠近眼尾再涂一种颜色，颜色之间要自然衔接。内眼角与眼尾的颜色可根据需要随意变化，中间颜色应使用亮色，目的是突出眼部的立体感和增加眼睛的神采。（见图3-2-6）

三段式画法

图3-2-6

（5）前移式画法（适合两眼间距偏远者）。

方法：将整个眼影的重点放在靠近内眼角的位置。以内眼角为中心，向鼻梁、眼窝、眼球方向晕染，通过渐层晕染来表现出层次感。前移式眼影画法可以起到拉近两眼间距的作用，适合两眼间距偏远的人。（见图3-2-7）

前移和后移式画法

图3-2-7

（6）后移式画法（适合两眼距离偏近者）。

方法：将眼影的重点放在外眼角的位置。用眼影在眼尾的部位顺着眼睛闭眼的弧度向后延伸加以晕染，色彩逐渐变淡消失。其最显著的效果是拉长眼形，并在视觉上拉远两眼之间的间距，适合两眼距离偏近的人。（见图3-2-8）

图3-2-8

第二种：立体晕染

立体晕染法是指按素描绘画原理，通过色彩明暗变化来表现眼部的立体结构。该画法将深暗色涂于眼部的凹陷部位，将亮色涂于眼部的凸出部位，暗色与亮色的晕染要衔接自然，过渡合理，分为假双眼皮画法和欧式立体画法。

（1）假双眼皮画法（适合单眼皮，适合舞台妆使用）。

方法：先在上眼睑上画一条线，这条线的高低位置要视假双眼皮的宽窄而定。在线以下部分涂浅亮色，在线以上部分涂深暗色，并向上自然过渡。（见图3-2-9）

图3-2-9

（2）欧式立体法（适合凹陷眼）。

方法：先在眉骨下与眼球相接的凹陷处画一条明显的弧线或斜线，然后选择与此线同色系的眼影从外眼角处沿这条线向中部晕染，颜色逐渐变浅，并将深色眼影涂于睫毛边缘。在下眼睑也涂上深色眼影并虚开，重点在后三分之一处，最后在线的下方和眉梢下端涂浅亮色。（见图3-2-10）

欧式眼妆

图3-2-10

❀❀ 相关链接

眼部结构和眼影色

亮色：涂在希望凸出或扩张的地方（眉弓骨、"T"字区、眼头等）。一般是偏暖色或明度高的色彩，常用色有白色、米色、象牙白、浅粉、浅蓝、明黄色、银白色等。

表现色：就是引人注目的颜色。在搭配得当的情况下，任何颜色都可以成为表现色。

结构色：用于强调结构或需要凹陷收缩的部位。一般是偏冷色的暗色调，常用色有黑色、墨绿色、棕色、深蓝色、深紫色等。

装饰色：为了装饰而运用的色彩属于装饰色。体现个性，追求时尚。

二、眼线的描画

画眼线是运用工具在上下睫毛根部勾画线。善用眼线，不但可以使眼睛轮廓清晰、有神，还可以矫正眼形，弥补睫毛不足。

（一）基本眼线描画

1. 准备工作

（1）基本眼线的描画要求。

基本眼线要画在睫毛根部，自然形成弧线，上下眼线均从内眼角至外眼角由细到粗变化，一般上眼线比下眼线略粗。眼线须符合眼形、个性的需要，眼线的宽窄、色调要与妆型协调。（见图3-2-11）

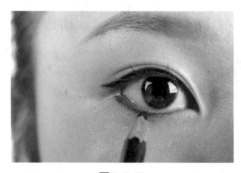

图3-2-11

（2）材料准备。

描画眼线的工具有：眼线笔、眼
线液、眼线膏。（见图3-2-12）

2.基本描画方法

不同的眼线描画工具呈现的效果
不同，但描画的方法大致相同，下面
以最基本的眼线笔为例阐述具体的描
画方法。

图3-2-12

第一步：抬起眼皮，用眼线笔从
眼尾开始描绘。（见图3-2-13）

第二步：前眼角向中间描绘，与眼尾处相连。（见图3-2-14）

图3-2-13

图3-2-14

第三步：再次抬起上眼皮，将黏膜处与睫毛根部的空隙处完全填满。

第四步：抬起眼尾处的眼皮，将眼线拉长。（见图3-2-15）

用手指抬起眼尾处的眼皮，用眼线笔将眼尾眼线拉长，并将睫毛根部空隙
完全填满。（见图3-2-16）

图3-2-15

图3-2-16

第五步：当画下眼线时，让化妆对象眼睛向上看，然后从外眼角或从内眼角进行描画。（见图3-2-17）

第六步：下眼线一般画眼尾至眼头三分之一长短，外眼角略粗，靠近内眼角逐渐变细。（见图3-2-18）

 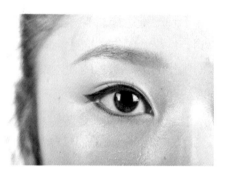

图3-2-17   图3-2-18

3. 注意事项

（1）描画眼线要格外细致，眼线要求整齐干净、线条流畅、宽窄适中。描画时力度要轻，手要稳。

（2）眼线的描画根据妆型要求有不同的形态，线条的长度和宽度要由具体妆型情况来定，在掌握基本的技法基础上要学会灵活运用。

（3）眼线的颜色有很多种，如黑色、灰色、棕色、蓝色、紫色、绿色等。亚洲人由于毛发的颜色是棕黑色，所以常使用棕黑色眼线笔，但有时候根据妆型设计的特殊需要也使用其他颜色。

（二）不同眼线的画法技巧

1. 下垂眼/无辜眼的画法

上眼线顺着眼形从眼头画到眼尾，并在眼尾2~3毫米处往下画，接着下眼线从眼尾的地方往眼头画，画大约三分之一，可以加重外眼尾的眼线，越加重就显得越惹人怜爱，并与上眼线衔接。（见图3-2-19）

2. 长形眼画法

上眼线顺着眼形从眼头画到眼尾，粗细适中，画到眼尾处再往外拉长3~5毫米，弧度顺着眼形做到自然流畅即可。（见图3-2-20）

图3-2-19　　　　　　　　图3-2-20

3. 拉近眼距画法

上眼线顺着眼形弧度画即可，接着在眼头处，顺着上眼线的弧度往外画约2~3毫米，眼尾不要拉长。下眼线注重眼头，可与上眼线衔接。（见图3-2-21）

4. 拉开眼距画法

上眼线顺着眼形弧度画，眼尾处往外画约2~3毫米，眼头到眼中的颜色要淡一点，可以利用棉花棒来回轻擦使颜色变淡。下眼线画后三分之一，并与上眼线自然衔接。（见图3-2-22）

图3-2-21　　　　　　　　图3-2-22

5. 上扬眼/猫眼画法

上眼线顺着眼形从眼头画到眼尾，在靠近眼尾的3~5毫米处，往上拉高眼线，接着在上眼线的尾端，顺着往回画到下眼线，下眼线可整条画，也可只画三分之一。（见图3-2-23）

6. 圆眼画法

上眼线顺着眼睛弧度画，在眼睛中间的部分加宽一点，下眼线也是在中间部分加宽一点，使眼睛变圆、变大。（见图3-2-24）

图3-2-23　　　　　　　　图3-2-24

三、睫毛的修饰

睫毛具有保护和美化眼睛的作用，长而浓密的睫毛使眼睛充满魅力。修饰睫毛的主要目的是使其弯曲上翘，并且显得长密而柔软。

（一）真睫毛的修饰

1. 材料准备

睫毛夹：用于夹翘睫毛。

睫毛膏：用于涂刷睫毛，使睫毛变得浓密、纤长。（见图3-2-25）

图3-2-25

2. 具体操作步骤

第一步：先用睫毛夹夹翘睫毛

选取适合自己眼形弧度的睫毛夹，将睫毛夹与眼睛弧度对齐，使睫毛夹达到最贴合睫毛根部的位置。（见图3-2-26）

夹睫毛切勿心急，否则用力过猛容易使睫毛不自然。先轻轻用力，将睫毛夹向上提升至60°。再稍微用力，将睫毛夹向上提升至90°。然后用一拉一放的手法，重复几次，将睫毛夹向上夹至睫毛最尾端。（见图3-2-27）

图3-2-26

图3-2-27

最后，一手将眼尾斜向眼头处提拉，让眼尾睫毛更能全数展出，再用睫毛夹特别补强眼尾睫毛的卷翘度。（见图3-2-28、图3-2-29）

图3-2-28   图3-2-29

第二步：涂睫毛膏

利用增长纤维的睫毛膏，将睫毛全部刷满，让睫毛获得充分滋养和修护。使用浓密型的睫毛膏，以Z字形的方式，由下往上刷，注意每个位置停顿2秒至3秒，这样更有利于把睫毛变得浓密起来。（见图3-2-30）

将尾部的睫毛用刷头的前部向上轻轻地刷几下，使得尾部的睫毛更长更翘。（见图3-2-31）

图3-2-30   图3-2-31

下睫毛：用睫毛膏垂直，从眼睛的一侧刷至另一侧。接着是增强下睫毛根根分明的效果，用Z字形的刷法，将下睫毛加以修饰。（见图3-2-32、图3-2-33）

图3-2-32　　　　　　　　　　　　图3-2-33

3. 注意事项

（1）夹睫毛一定要小心，避免夹到眼皮，夹时也不要一下用力太狠，时刻注意化妆对象的反应，确认没有夹到眼皮再往下用力。

（2）睫毛间有时会残留一些块状的睫毛膏，可以用小梳子轻轻梳理，使睫毛自然。

（3）睫毛膏刷一遍不够可以重复刷2~3遍，直到达到想要的浓密的效果，但要注意不要刷得过多，否则会给人以脏感，最终要保持睫毛根根分明的效果。

（二）假睫毛的运用

当化妆对象睫毛稀疏、较短或妆型需要时，可以利用粘贴假睫毛来增加睫毛的长度和密度，达到完美妆效。粘贴假睫毛之前先将真睫毛夹翘，做到真假睫毛的上翘弧度一致。

1. 材料准备

假睫毛、小剪刀、睫毛胶、镊子。（见图3-2-34）

图3-2-34

2. 具体操作步骤

第一步：对比修剪

先将假睫毛和眼睛对比一下长度，用眉剪对假睫毛的长度和密度直接进行修剪，直至达到满意的效果，假睫毛的长度只要比真睫毛长出一点即可。

第二步：涂胶水

涂胶水之前先将假睫毛从两端向中间弯曲，使其弧度与眼球的表面弧度相符，便于粘贴。（见图3-2-35）

一手用食指与拇指捏住假睫毛（或用小镊子），一手将胶水涂在假睫毛根部底线上，两头适当多涂些，不要碰到睫毛。（见图3-2-36）

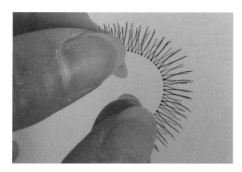
图3-2-35

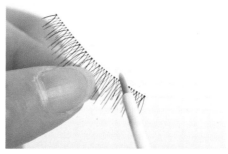
图3-2-36

第三步：粘贴

（1）整副睫毛粘贴。

粘贴时眼睛微张，用手捏住假睫毛，将其紧贴在真睫毛根部的皮肤。先贴中间，然后再由中间至两头按压贴实。（见图3-2-37）

毛长较短的一端贴于眼头，较长的一端贴于眼尾。一边贴一边用手调整位置，注意两头要贴牢，最后用食指指背由下往上调整角度。（见图3-2-38）

图3-2-37

图3-2-38

（2）单根睫毛粘贴。

单根睫毛粘贴主要能起到填补的效果。要先将真睫毛涂好睫毛膏，然后根据情况在适当的地方粘贴补充几根假睫毛。再次涂睫毛膏即可。贴单根睫毛比

整副睫毛更加自然。（见图3-2-39、图3-2-40）

图3-2-39

图3-2-40

（3）下睫毛粘贴。

有些妆容需要粘贴下睫毛，如烟熏妆、创意妆、娃娃妆等。粘贴下睫毛可以使眼睛变得更大。粘贴时注意睫毛的弧度与眼形自然贴合，可以整副粘贴，也可以把睫毛剪成几小段分段粘贴，根据需要而定。（见图3-2-41、图3-2-42）

图3-2-41

图3-2-42

3. 注意事项

（1）假睫毛的选用要符合妆面的风格，淡妆适合自然型假睫毛，浓妆或舞台妆适用夸张浓密型的假睫毛。

（2）假睫毛一定要粘贴严密，避免出现起翘的现象。

（3）假睫毛粘贴角度要恰当，不要过翘或者过于往下压，要与真睫毛自然融合。

四、美目贴的运用

1. 美目贴的作用

（1）单眼皮可化妆成双眼皮。

（2）矫正过于下垂的眼皮。

（3）可矫正两眼的大小，使其一样。

（4）使眼睛有扩大的感觉。

2. 美目贴的使用方法

第一步：剪美目贴

剪下一段跟眼睛长度相近的胶带。（见图3-2-43）

剪成月牙形，两边不可太尖，应剪成圆形，以免刺激眼睛。眼头和眼尾要剪得比较细，中间留粗一点才能贴出想要的眼褶厚度。（见图3-2-44）

图3-2-43

图3-2-44

第二步：粘美目贴

用手或镊子夹住剪好的美目贴，贴于理想的位置，一般贴在双眼皮褶皱线上，压紧最容易翘起来的眼尾胶带（见图3-2-45），完成后眼睛顿时变大很多。（见图3-2-46）

图3-2-45

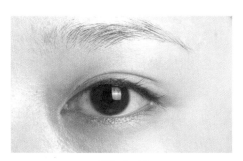

图3-2-46

3. 注意事项

（1）美目贴并不是所有眼形都适合粘贴，如单眼皮、肿眼泡很难贴出想要的效果，而内双眼、双眼皮最容易粘贴出效果，可以加宽双眼皮。

（2）有些特殊眼形，为了使眼形更美，需要好几层美目贴支撑，在运用过程中要视情况而定。

五、各种眼睛的类型和矫正方法

1. 圆眼睛

也称荔枝眼、大眼。睑裂较高宽，睑缘呈圆弧形，黑眼珠、眼白露出多，使眼睛显得圆大。给人以目光明亮、机灵有神之感，但相对缺乏秀气。

矫正：舒展、拉长内外眼角，减弱弧度。上下眼睑眼影向外晕染，眼线加强内外眼角处的刻画，并适当向外延长，睫毛适合外眼角处粘半副睫毛。（见图3-2-47）

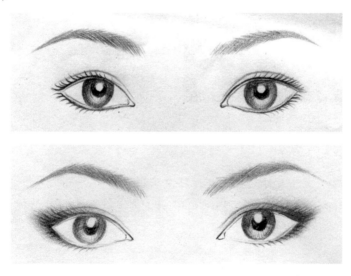

图3-2-47

2. 细长眼

又称长眼。睑裂细小，睑缘弧度小，黑眼珠及眼白露出相对较少。给人以缺乏神采感，往往显得没有精神。

矫正：上、下眼睑眼影强调中间部分，以增加眼睑的高度，眼线中间部位略宽，不宜向外延长，在下眼睑用米白色眼线涂在深色眼线内侧，可增大突出

眼睛。贴一副假睫毛使眼睛变大，但避免贴斜向的假睫毛，否则会使眼睛更长。（见图3-2-48）

图3-2-48

3. 吊眼

也称上斜眼。外眼角高于内眼角，眼轴线向外上倾斜度过高，外眼角呈上挑状。显得灵敏机智，目光锐利，但有冷淡、严厉之感。

矫正：内眼角上侧、外眼角下侧的眼影描画应突出些，可改善上扬的眼形，眼线内眼角处略粗，外眼角略细；下眼线内眼角处细浅，外眼角处粗重。（见图3-2-49）

图3-2-49

4. 垂眼

也称下斜眼。外眼角低于内眼角、眼轴线向下倾斜，形成了外眼角下斜的眼形。双侧观看呈八字形。显得天真可爱，但给人以阴郁的感觉，显得过度老态。

矫正：内眼角的眼影颜色要暗，面积要小，位置要低，外眼角的眼影色要突出，并尽量向上晕染。当描画眼线时，上眼线内眼角处要细些，外眼角处要宽些；下眼线内眼角处略短，外眼角处略细。外眼角部位的睫毛夹翘涂上睫毛膏，可使眼尾有上扬的感觉。（见图3-2-50）

图3-2-50

5. 深眼窝

主要特征是上睑凹陷不饱满，西方人多见。眼形显得整洁、伸展，年轻时具有成熟感，中老年富于疲惫感，显得过度憔悴。

矫正：丰满眼窝，突出、加强眼神的方法。眼窝处眼影用亮色，眉骨提亮要适当，凹的地方用浅淡暖色减弱凹陷感。（见图3-2-51）

图3-2-51

6. 肿眼泡

也称金鱼眼，眼睑皮肤肥厚，皮下脂肪堆积，鼓突，使眉弓、鼻梁、眼窝之间的立体感减弱，外形不美观。给人以不灵活、迟钝、神态不佳的感觉。

矫正：上眼睑用层次方法收敛。用偏冷棕色系晕染，从睫毛根部向上晕染并逐渐淡化，眉弓处、鼻梁涂亮色，使眼周的骨骼突出。不宜用红色或蓝色，会加重肿胀感。（见图3-2-52）

图3-2-52

7. 远心眼

内眼角间距过宽，两眼分开过远，使面部显宽，失去比例美，显得过度呆板。

矫正：为了使眼睛之间的距离看起来小一些，可以在内眼角和鼻子中间的部位淡淡地涂上一层棕色系的眼影，眼线不要向外延伸，加重内眼角睫毛的刻画。（见图3-2-53）

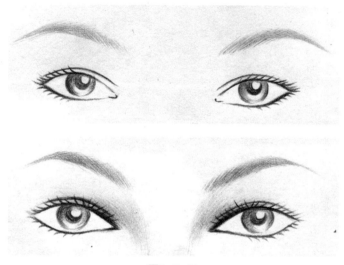

图3-2-53

8. 近心眼

主要特征是内眼角间距过窄，两眼过于靠近，五官呈收拢态，立体感增强，但显得严厉、紧张、有忧郁感。

矫正：可以从内眼角到眼睛中间部位涂上明亮色系的眼影，使眼睛之间的距离看起来大一些，还可在外眼角处略微加深眼影的颜色。上眼线外眼角部分加粗加长，加重外眼角睫毛的刻画。（见图3-2-54）

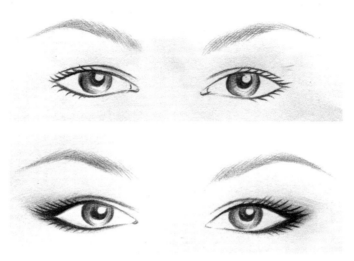

图3-2-54

 任务评价

同学们两两配对，根据对方的眼形特点进行眼部的修饰，分别包括美目贴（看情况而定）、眼影、眼线、睫毛，完成后按照下表进行评比。

评价内容	内容细化	分值	评分记录分配			
			学生自评	学生互评	教师评分	备注
完成情况 90分	准备工作	5				
	眼影	25				
	眼线	20				
	睫毛	20				
	眼部总体效果	20				
职业素质 10分	团队合作	5				
	遵守纪律	5				
	总分 100分					

说明：1. 备注栏可记录扣分原因。
　　　2. 训练时可自由配对，考核时随机配对。

 任务拓展

绘图题：完成下列眼妆的描画。（见图3-2-55）要求：分别用同类色、邻近色、对比色进行眼影的搭配，每一种搭配各完成两组。

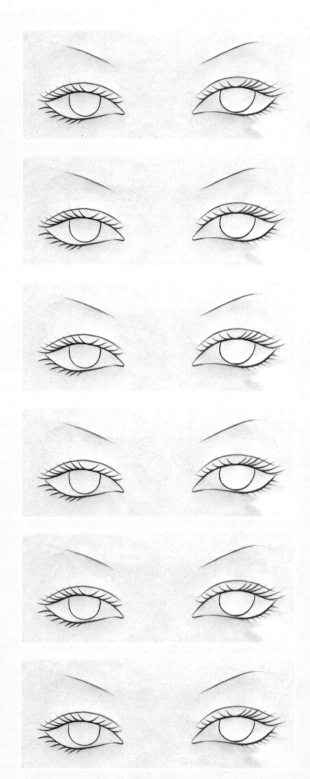

图 3-2-55

 知识延伸

眼影的色彩组合

　　眼影色彩的丰富有助于眼部的美化，但如运用得不恰当，反而会破坏整体的化妆效果。常用的眼影色搭配有以下4种。（图3-2-56）

图3-2-56

　　（1）同类色组合。相同色系的眼影组合，主要是深浅的颜色运用，表现色彩明度的对比。

　　特点：统一性强，有和谐感；弱点是缺少活跃感。如深红+浅红，深蓝+浅蓝。

　　运用：可以利用不同的明度和纯度的变化或黑白灰相配，以避免色彩的单调。

　　（2）邻近色组合。邻近色组合被认为是较完美的组合方式。

　　特点：使用在色相环上相邻近的色彩进行组合，特性相近，但又有不同；常给人整体、柔美、调和之美，如黄+橙，蓝+绿。

　　运用：在采用时要避免单调感，注意色彩明度的变化，使色彩有多层次感。

　　（3）对比色组合。差异性很大的色彩组合，在色相环上间隔大于120度的颜色。

特点：在刺激人的视觉感官的同时，产生出强烈的审美效果。优点是色彩效果显著、明快、活泼、引人注目；弱点是运用不当就会容易出现不和谐感。对比色组合多用于浓妆。

运用：注意两种对比色的面积差，一方为主色，另一方为辅色；对比色中可适当添加黑、白、灰等无彩色块，使对比减弱；或者减弱其中一方或双方的纯度，使颜色看起来不那么刺眼。

（4）多色组合：多种颜色眼影组合使用，色彩搭配没有明确限制，可自由发挥。

特点：视觉效果丰富、绚丽，多用于创意彩妆、舞台妆。

运用：应该有一个主色调，主色调的面积大一些，其他色彩的面积作为陪衬和点缀；另外，多种颜色的眼影本身要有明度对比，才能表现出眼部的主体结构。

任务三　鼻形的塑造

任务目标

●通过练习掌握鼻形的修饰方法

●学会分析各种鼻形并掌握矫正方法

任务实施

鼻子呈三角形锥体，位于面部正中央，占据了面部的最高点。鼻子对人们的容貌起着至关重要的作用，尤其在观察一个人的侧面时，鼻子的高度、长度是脸部平衡之所在。挺拔俏丽的鼻梁，舒展的脸部比例，给人既雅致又独具魅力的印象。鼻子的美化主要通过影色和亮色来完成。

一、基本鼻形的修饰

1. 准备工作

（1）理想鼻形。

从美学角度看，理想鼻形一般为：鼻梁挺拔，鼻尖圆润、微翘，鼻翼大小适度，鼻形与脸形比例协调，鼻的长度为脸长度的三分之一，鼻梁由鼻根向鼻尖逐渐隆起，鼻翼两侧在内眼角的垂直线上，鼻的宽度为脸宽的五分之一。（见图3-3-1）

（2）材料准备。

所需化妆用品：浅棕色（棕灰色）亚光眼影粉、白色（米白色）眼影粉或双色修容饼。

所需化妆工具：眼影刷。（见图3-3-2）

图3-3-1

图3-3-2

2. 具体操作步骤

第一步：涂鼻侧影

选择浅棕色或棕灰色的眼影粉，用手指或眼影刷蘸取少量，从鼻根沿鼻梁两侧开始向下涂，颜色逐渐变浅，直至鼻尖处消失，靠近内眼角处最深，注意把握好鼻梁的宽度。（见图3-3-3）

第二步：涂提亮色

选择亮色（白色、米白色）眼影粉，用眼影刷蘸取适量亮色粉，涂在鼻梁的正面，鼻根处相对最亮，逐渐向鼻尖晕染，直至消失。（见图3-3-4）

图3-3-3

图3-3-4

第三步：修饰鼻头

如鼻头偏大，则需要在鼻翼上刷上深色修容粉，修出完美的鼻头。（见图3-3-5、图3-3-6）

图3-3-5 图3-3-6

3. 注意事项

（1）前面介绍的是打好底妆之后的鼻形修饰，在打底时也会用深浅不同的粉底修饰鼻形，方法是相似的。

（2）鼻侧影的色彩尽量柔和，与鼻梁亮色的衔接要自然柔和，不能形成两条僵硬的色条，否则会显得失真。

（3）鼻侧影的上方要与眉头相融合，靠近眼窝处深一些，越向鼻尖处越浅。

（4）鼻的修饰要因人而异，因妆而异。鼻梁太窄或过高者不必涂鼻侧影，眼窝深陷或两眼间距过近者也不宜涂，会使间距更近。通常鼻侧影在浓妆中用，淡妆中慎用。

二、各种鼻形的矫正方法

1. 短鼻梁的矫正

外部特征：鼻子过短，就是中庭偏短，会显得五官紧凑。

矫正：重点在于加强鼻侧影的长度。

（1）将阴影从眉间的鼻根处至鼻尖做纵向晕染。

（2）鼻梁上的亮色要从眉头到鼻尖，如果鼻子太短，还可以延伸到鼻中隔。

（3）在画眉头时，略微向上抬起，加长鼻梁高度，这样会在视觉上拉长鼻梁。（见图3-3-7）

图3-3-7

2. 蒜形鼻的矫正

外部特征：鼻根低，鼻梁窄，鼻头平，鼻翼肥大。

矫正：重点在于利用阴影色和亮色强化鼻头部的立体感。

（1）鼻根鼻梁用亮色晕染，使其显高显宽。

（2）鼻尖用亮色。

（3）鼻翼用阴影色，缩小鼻翼。（见图3-3-8）

图3-3-8

3. 鼻梁不正的矫正

外部特征：从正面看鼻骨不直。

矫正：重点在于利用暗影和高光修直鼻梁。

（1）鼻侧影不要顺着鼻梁晕染，而是按直线画在鼻梁外侧。

（2）提亮色涂在鼻梁最高处。（见图3-3-9）

图3-3-9

4. 宽鼻梁的矫正

外部特征：鼻梁比较高大。

矫正：（1）从眉头沿着鼻梁两侧打上阴影，收缩鼻梁宽度。

（2）用浅色在鼻梁中间部位提亮。

（3）如果鼻梁太宽，可以将两眉头向内描画，协调整体比例。（见图3-3-10）

图3-3-10

5. 塌鼻梁的矫正

外部特征：鼻梁低，鼻梁与眼睛平，甚至低于眼睛所处的平面，使得面部中央凹陷，缺乏立体感。

矫正：重点在于利用阴影色和亮色提升鼻梁的高度。

（1）将较深的颜色涂于内眼角窝部位，自眉头与鼻根相接处向鼻尖晕染。

（2）在鼻梁上涂亮色。

（3）晕染时掌握好色调的明暗过渡，亮色、阴影色衔接要自然。（见图3-3-11）

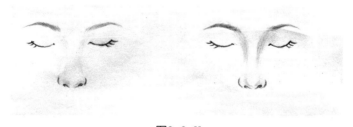

图3-3-11

6. 长鼻梁的矫正

外部特征：鼻子过长，也就是中庭偏长。

矫正：重点在于减少鼻侧影的长度，重点刻画鼻部中央。

（1）鼻侧影不能全部晕染，应在两内角处逐渐消失。

（2）鼻侧影上方不与眉头相接。

（3）用亮色在眉头中部提亮。

（4）压低两眉头，并把下眼影面积略微加大，加宽眉眼距离，这样会在视

化妆基础★

觉上收短鼻梁。（见图3-3-12）

图3-3-12

 任务评价

同学们两两配对，分别根据对方的鼻形特点进行有针对性的修饰，完成后按照下表进行评比。

评价内容	内容细化	分值	评分记录分配			
			学生自评	学生互评	教师评分	备注
完成情况 90分	准备工作	10				
	鼻侧暗影	25				
	鼻梁高光	25				
	完成效果	30				
职业素质 10分	团队合作	5				
	遵守纪律	5				
总分100分						

说明：1. 备注栏可记录扣分原因。
　　　2. 训练时可自由配对，考核时随机配对。

 任务拓展

1. 思考题

你在练习过程中还遇到了哪些不同的鼻形特点？你又是如何矫正的？

2. 课外练习

针对班里同学或亲戚朋友，选出至少3种不同特点的鼻形进行立体修饰，矫正鼻形，拍下妆前妆后照上交。

任务四　唇部的修饰

任务目标

● 通过练习掌握唇的修饰方法
● 学会分析各种唇形并掌握矫正方法

任务实施

嘴唇和眼睛一样，是脸部表现美感的重要部位，具有丰富的表情色彩。它颜色红润而显眼，和明亮动人的眼睛相辉映，是女性风采的突出特征之一，使女性面部及形象更加生动迷人。合适的化妆可使唇富于个性色彩，唇部不同的颜色和质感，都能产生出不同的视觉效果与不同风格的彩妆。

一、基本唇形的修饰

1. 准备工作

（1）认识理想的唇形。

嘴唇的轮廓很清晰，上唇较下唇略薄，唇峰线条柔和呈弓形，唇结节明显，下唇略厚，嘴角微微上翘，大小与脸形相宜，整个嘴唇富有立体感。标准唇形的唇峰在鼻孔外缘的延长线上，唇角在眼睛平视时眼球内侧的垂直延长线上。（见图3-4-1）

（2）材料准备。

所需化妆用品：唇线、唇膏、唇彩。

所需化妆工具：唇刷。（见图3-4-2）

图3-4-1

图3-4-2

2. 具体操作步骤

　　唇的描画主要分描画唇线和涂抹口红，主要有以下三种方法：

　　方法一：唇线笔加唇膏（适合浓妆和矫正唇形）

　　先在双唇上涂抹少量润唇膏，不要选择油分过大的，以免影响妆容的持久性。（见图3-4-3）

　　用手指蘸取少量滋润型粉底液，轻轻地遮住原来的唇色，使唇部妆容更和谐。（见图3-4-4）

图3-4-3

图3-4-4

　　用唇线笔沿着唇的边缘细心描画，做到左右对称，唇形美观。（见图3-4-5）

　　用唇刷蘸取唇膏，沿着唇线的内侧由嘴角画至唇峰，注意弧度的优美，两边对应着画，注意唇中的衔接，下唇也分别从嘴角向唇中描画，注意弧度的圆顺。（见图3-4-6）

图3-4-5   图3-4-6

方法二：唇膏加唇彩

先在唇上涂抹一层色彩饱满、具有亚光效果的唇膏，方法同前；然后再将透明的或比唇膏颜色稍淡的亮彩型唇彩均匀涂抹在双唇上，或点在唇中央慢慢晕开，不要涂满双唇，这样更具立体感，不至于过于油亮而显得不自然。（见图3-4-7）

方法三：唇膏或唇彩单独使用

先做好唇部的滋润步骤，并为唇部打上薄薄的底妆；直接用唇膏涂抹双唇，记得顺序一定是从中间至两边，让唇部中央的色彩最饱满。

最后用干净的棉签将唇形略微修整整齐，使唇部更加丰盈诱人。（见图3-4-8）

图3-4-7   图3-4-8

3. 注意事项

（1）三种方法的选用要根据不同的妆效和个人的喜好而定，目前唇线笔很少使用，除非是浓妆或者需要矫正唇形时可先用唇线笔勾勒出理想唇形。

（2）唇色的选择很重要，要与整体的妆色相协调，同时也要考虑肤色以及妆面所追求的效果。

二、各种唇形的矫正

1.修整薄唇形

特点：唇形过薄，给人过于严肃的感觉。

修整方法：用唇线笔勾勒唇形，适当的外扩使唇形增厚，然后用同色系的唇膏涂满嘴唇，并且在唇的中央以带有珠光等厚唇效果的唇蜜点缀，这样显得唇形更加饱满。

2.修整厚唇形

特点：唇形过厚，在整张脸中显得过于突兀。

修整方法：先用粉底修饰整个嘴唇，弱化唇的轮廓，然后用唇线笔勾勒唇形，适当的内收使唇形变薄，再涂唇膏，尽量不要使用含有珠光的唇蜜。

3.修整棱角唇形

特点：唇形过于方正，给人以过于刚硬、严厉的感觉。

修整方法：用深色唇线笔加宽上下嘴唇轮廓两边的弧度，呈现饱满圆润的唇形，再涂上唇膏。

4.修整不对称唇形

特点：左右唇形不对称。

修整方法：先利用遮瑕品修饰唇形，然后用唇线笔描画唇形，画时仔细观察，使左右对称，薄的地方往外补，厚的地方往里收，然后再补唇膏。

5.修整下挂唇形

特点：口裂两端向下略斜，即为下挂唇，给人以悲哀的感觉。

修整方法：用深棕色唇线笔点画在上唇嘴角的两侧，使上唇嘴角处加厚，形成新的嘴角。下唇的两侧用粉底提亮，掩盖原有嘴角，然后涂上唇膏。

6.修整平直唇形

特点：唇峰不明显，唇形不清晰，缺乏美感。

修整方法：用唇线笔勾勒出唇峰，并用粉底遮盖唇峰凹陷处，使唇峰明显，再涂上唇膏，下唇边缘也可用粉底修饰使唇形清晰。（见图3-4-9）

图3-4-9

 任务评价

同学们两两配对，分别根据对方的唇形特点进行有针对性的修饰，完成后按照下表进行评比。

评价内容	内容细化	分值	评分记录分配			
			学生自评	学生互评	教师评分	备注
完成情况 90分	准备工作	10				
	唇形矫正	30				
	唇膏涂抹	20				
	完成效果	30				
职业素质 10分	团队合作	5				
	遵守纪律	5				
总分100分						

说明：1.备注栏可记录扣分原因。
　　　2.训练时可自由配对，考核时随机配对。

 任务拓展

1.思考题

你在练习的过程中遇到了哪些书上没有提到过的唇形问题？你又是如何矫正的？

2.绘画题

唇的修饰：分别用粉红、橘色、玫红、暗红色进行描画，表现出立体感。（见图3-4-10）

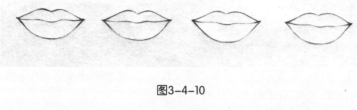

图3-4-10

慕斯唇　　　　　红唇　　　　　咬唇

 知识延伸

唇色的选择

唇色不仅可以表现女性的特质，而且可以表现出自己的性格和心情。很多女性平时即使不化妆，也会使用唇彩。在选择唇色的时候，可以根据自己的年龄喜好来选择。

1.棕红色：色彩朴实，使妆面显得稳重、含蓄、成熟，适用于年龄较大的女性。

2.豆沙红：色彩含蓄、典雅、轻松自然，使妆面显得柔和，适用于较成熟的女性。

3.橙色：色彩热情，富有青春活力，妆面效果给人以热情奔放的印象，适用于青春气息浓郁的女性。

4.粉红：色彩娇美、柔和，使妆面显得清新可爱，适用于肤色较白的青春少女。

5.玫瑰红：色彩高雅、艳丽，妆面效果醒目，适用于晚宴及新娘妆。

唇膏在选色时除考虑以上因素，还要考虑环境与场合的因素，如时装发布会、化妆比赛、发型展示会、化装舞会等。唇膏用色还有黑色、蓝紫色、绿色、金色等。

任务五　腮红的修饰

任务目标

● 通过练习掌握各种腮红的打法
● 学会根据脸形选择恰当的腮红打法

任务实施

脸颊以及颧骨是面部最宽阔而又显眼的部位，这个部位我们用腮红来修饰，能使面容更加生动活泼、健康红润。不同的腮红打法、不同的腮红颜色可以打造出不同的妆感。

一、腮红基本打法

1. 准备工作

（1）标准腮红的位置。

标准腮红位置在颧骨上，笑时面颊能隆起的部位（见图3-5-1）。一般情况下，腮红向上不可高于外眼角的水平线；向下不得低于嘴角的水平线；向内不超过眼睛的1/2垂直线。根据脸形和化妆造型的具体情况，腮红的位置和形状会有相应的变化。

（2）材料准备。

所需化妆用品：粉状腮红。

所需化妆工具：腮红刷。（见图3-5-2）

图3-5-1

图3-5-2

2. 具体操作步骤

用专用的腮红刷在腮红上均匀打圈蘸取粉质，在纸巾或者化妆棉上面轻轻拍打，这样会让腮红更加自然。（见图3-5-3）

按照图示的方法打圈或者上下来回扫，在苹果肌（笑肌抬起）的位置上扫。（见图3-5-4）

图3-5-3

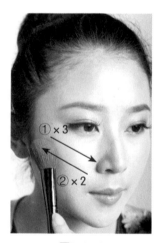

图3-5-4

想营造小脸的效果，可以在腮骨的位置用剩余在腮红刷上的腮红轻轻扫几下，达到修颜瘦脸的效果。（见图3-5-5）

最后的完成效果：自然的腮红给人健康有活力的感觉，不同的腮红打法有

不同的效果，应配合不同脸形或者不同场合，选择适合自己的腮红打法。（见图
3-5-6）

图3-5-5

图3-5-6

3. 注意事项

（1）腮红的位置一定要正确，偏高或偏低都不能修饰脸形，最重的颜色一般落在脸颊最凸出的位置；

（2）画腮红要做到颜色过渡自然，腮红的边缘最终要与面色融为一体；

（3）如不小心画得过浓，可用粉扑蘸取少量定妆粉轻轻按压，达到减弱色泽的效果。

二、不同效果的腮红打法

1. 颊侧腮红

也可称为结构腮红，适合过于圆润的脸形，可以让脸形看起来较瘦长。

修饰技巧：选择较深色的腮红如砖红、深褐色，刷在脸颊的外围，也就是耳际到颊骨的位置，范围可略微向内延伸到颧骨的下方，会让脸形看起来更立体。

适合妆面：晚宴妆、舞台妆等浓艳的妆面，起到修饰脸形、突出立体感的作用。（见图3-5-7）

图3-5-7

2. 晒伤腮红

横向打腮红，营造出被太阳晒红的脸颊效果。

修饰技巧：挑选带有亮泽感的金棕色腮红，淡淡打在鼻翼两侧的位置即可。还可从鼻峰推往两颊上色，要自然过渡。

适合妆面：度假妆、创意妆。（见图3-5-8）

3. 圆形腮红

这是最常见、最简单的腮红画法，给人以甜美可爱之感。

修饰技巧：面部保持微笑，在两颊凸起的笑肌位置以画圆的方式刷上腮红即可。

适合妆面：生活妆、新娘妆。（见图3-5-9）

4. 酒晕腮红

效果似醉酒后产生的脸颊绯红，故称酒晕腮红。

修饰技巧：选择亮丽的玫红、粉红色腮红，大面积晕染在颧骨上侧，往太阳穴过渡，并与眼影融合在一起。

适合妆面：戏曲妆、创意妆、古妆。（见图3-5-10）

图3-5-8　　　　　　图3-5-9　　　　　　图3-5-10

三、不同脸形腮红打法

1. 鹅蛋形脸

特点：标准脸形，根据不同场合不同妆容的需要，刷出自己想要的感觉。

腮红的打法：有如鹅蛋状的椭圆形曲线。基础画法是，微笑并找出颧骨最高点，然后立起腮红刷，以画圆的手法涂抹在两颊颧骨处。（见图3-5-11）

2.圆形脸

特点：可爱的脸形，缺点是脸形较圆较宽，下巴及发际都呈圆形，缺乏立体感。

腮红的打法：圆形脸在画腮红时，应用直线条来增加脸部的修长感，将腮红以斜线的画法，由颧骨往脸中央刷，可创造出脸部的角度。（见图3-5-12）

 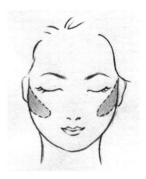

图3-5-11 图3-5-12

3.方形脸

特征：脸形线条较直，方方正正，额头和面额都宽，缺乏温柔感。

腮红的打法：方形脸呈现四四方方的角度。在腮红的使用上，必须以圆线条来增加脸部的柔和感，将腮红以画圆的方式，由颧骨往鼻子的方向刷。为了让面颊显得更清秀，过于宽大的部位要用深色腮红来修正。（见图3-5-13）

4.正三角形脸

特征：上窄下宽，额头窄小，两腮方大，给人沉着又威严的感觉。

腮红的打法：在两颊刷高些，长些，以斜刷为宜，让脸形有拉长的效果，可用深色腮红适当地渲染两腮，起到收缩的效果。（见图3-5-14）

图3-5-13 图3-5-14

5. 倒三角形脸

特征：脸形比较尖，具有上宽下窄的特征，额头较宽，下巴较尖，会给人忧愁的感觉。

腮红的打法：腮红需在颧骨部位颜色加深。利用深度色调掩饰突出过高的颧骨，使其不至于太明显。（见图3-5-15）

图3-5-15

 任务评价

同学们两两配对，分别完成：（1）根据对象的脸形特点进行腮红修饰（颊侧腮红）；（2）晒伤腮红；（3）圆形腮红；（4）酒晕腮红。完成后按照下表进行评比。

评价内容	内容细化	分值	评分记录分配			
			学生自评	学生互评	教师评分	备注
完成情况 90分	准备工作	10				
	根据脸形修饰（颊侧）	20				
	晒伤腮红	20				
	圆形腮红	20				
	酒晕腮红	20				
职业素质 10分	团队合作	5				
	遵守纪律	5				
总分100分						

说明：1. 备注栏可记录扣分原因。

2. 训练时可自由配对，考核时随机配对。

 任务拓展

一、思考题

1. 腮红有什么作用？

2. 圆形脸、方形脸、正三角形脸等脸形分别适合什么样的腮红打法？

二、绘图题

在美人图上绘制不同的腮红打法（颊侧、晒伤、圆形、酒晕）。（见图3-5-16）

图3-5-16

 知识延伸

腮红的知识拓展

腮红的颜色很丰富，由于色彩的纯度、明度不同，腮红色彩的选择要根据年龄、场合、目的以及化妆方法而定。

1. 按年龄的区分

年轻女子：适宜选浅淡色的腮红，如浅红、粉红、浅橘红、桃红色等。用圆形刷在颧骨处轻轻打圈的涂法或将腮红扫在靠近鼻翼处，都可以呈现年轻而可爱的妆容。

中年女性：玫瑰红、豆沙色、砖红等深色腮红为妥，较能衬托出端庄典雅的风范。

2. 按场合的区分

白天上班或者外出时：宜用浅色腮红，如粉红色、浅棕红、浅橙红等，但要与眼影及妆面其他色彩相协调。

出席晚宴、晚会时：腮红宜选择深色，如棕红色、玫瑰红等，但胭脂色与眼影和唇色相比，其纯度与明度都应适当减弱，从而使妆面有层次感。

3. 按颜色的区分

腮红不仅能让脸部变小，而且在整体化妆气氛中还起着决定性的作用。

粉红色系列腮红让脸部变得更加华丽。

橙色、褐色系列腮红给人以知性、健康的感觉。

项目总结

五官的修饰终于学完了，打底和五官的修饰构成一个完整的妆面。经过这一项目的学习，丽莎深刻体会到不仅要学会分析和辨别不同的五官特点，掌握具体的修饰步骤和方法，而且更重要的是要学会针对不同的五官特点灵活运用修饰技法，让五官扬长避短，起到矫正的作用。要熟练掌握这些技能光靠课堂上的练习是不够的，还需要利用课余时间多加操练，养成多看、多问、多想、多练的好习惯。

综合运用

班里同学抽签选择互相操作的对象，互相对对方进行底妆及五官的矫正修饰，拍下妆前妆后照片与班里同学分享，每个同学对自己的作品进行阐述，师生共同对作品进行打分。

项目四

生活妆

情境
聚焦

学完五官修饰，丽莎感觉到自己对化妆有了更深刻的了解，她热情高涨地回家给妈妈化了一个妆，但是怎么看都感觉不是很协调，是哪里出问题了？丽莎找不到问题所在。看来如何把每个局部组合成一个完整协调的妆面，这里面还有很多的学问。

本单元的学习从局部走向整体，注重妆容的整体协调性，是前部分内容的总结和提升。化妆的目的不只是为了美化人的形态，更重要的是具有某种实用目的，能够广泛地渗入人们的生活之中。根据个人的气质、年龄、职业、季节、环境、场合等因素，采取不同的化妆风格和化妆手法。整体妆容我们就从学习生活妆开始。

着手的任务是

• 生活淡妆
• 生活浓妆

我们的目标是

• 了解整体妆面的操作步骤
• 掌握生活淡妆的妆面特点及表现方法
• 掌握生活浓妆的妆面特点及表现方法

任务实施中

任务一　　生活淡妆

 ## 任务目标

●掌握生活淡妆的化法，并能根据不同年龄层次做出恰当的淡妆修饰

●掌握职业妆的修饰方法

任务实施

生活淡妆也就是生活日妆，是生活中应用最广泛的妆型。这种强调自然的化妆方式也适用于各种年龄、各种类型的人，一般适用于女性。淡妆的操作要突出妆面的自然柔和。根据化妆的不同目的和表现环境，可以进行面部的整体化妆或是局部修饰。

一、整体妆面的操作步骤

在学习生活淡妆之前需要清楚先做什么，后做什么，也就是先了解整体妆面的操作步骤。具体见下表。

步骤	步骤名称	操 作 方 法
1	护肤	（1）洁肤后喷洒爽肤水（视皮肤不同性质而用），给皮肤补充水分或是收缩毛孔。 （2）上营养面霜或乳液给皮肤补充营养，进行简单的皮肤按摩。 （3）涂上防晒隔离霜，隔离霜能隔离空气中的粉尘、污垢、紫外线的照射，从而起到保护皮肤的作用。
2	修眉	用修眉工具对眉进行修整，根据不同的眉形特点及脸形特点修饰出最合适的眉形。
3	涂抹粉底	涂抹粉底是化妆的基础，也是化妆中很关键的一个步骤。要对整体面色和面部结构进行修饰。涂抹粉底要在洁肤和润肤之后进行，这样才能使粉底与皮肤贴合紧密，不易脱妆。

步骤	步骤名称	操 作 方 法
4	定妆	定妆是将蜜粉扑在涂过粉底的皮肤上，可以增强粉底在皮肤上的附着力，使妆面长久。定妆还可以吸收汗液和皮脂，降低粉底的油光感，使皮肤显得细腻爽滑。
5	眼妆	（1）眼影：定妆后先修饰眼部，眼部的修饰一般从眼影开始。画眼影是通过色彩来修饰和美化眼睛。眼影所用色彩要与整体面部色彩协调，也要与服装色彩协调统一。通过眼影色可为整个妆面色彩定调子。 （2）眼线：画完眼影之后画眼线。用眼线笔、眼线液或眼线膏画眼线，眼线要做到线条清晰和流畅。一般上眼线全画，下眼线画二分之一或三分之一，也可以不画下眼线。 （3）夹睫毛，上睫毛膏：夹睫毛要先夹根部，再夹中部，最后夹睫毛尖，然后上睫毛膏。睫毛修饰是调整眼睛很重要的一个步骤。先夹翘睫毛，再涂上睫毛膏。睫毛的修饰会让眼睛增大并显得有神。
6	眉妆	眼部修饰完以后再画眉，可使眉的位置和描画更容易掌握，能更好地发挥眉毛对眼睛的映衬作用。画眉是需要技术的，一般遵循眉头淡、眉峰深、眉尾要清晰的原则。
7	唇妆	眼妆和眉形画完后，嘴唇的颜色就容易确定了，唇色要与腮红色、眼影色相协调。
8	腮红	在整个妆容里，眼影是视觉重心，所以腮红和唇色都要淡淡地处理。腮红要和唇彩眼影的颜色相协调。
9	整体检查	化妆完成后，要全面、仔细地查看妆面的整体效果。要从整体到局部认真查看，如发现问题及时修补。

　　以上是整体妆面的基本操作步骤，当然有些顺序可以微调，如唇妆和腮红。个别步骤也可以省略，如眉形完美的人可以不画眉，总之要因人而异，看妆而定，作为化妆师要学会随机应变、灵活运用。

二、生活淡妆的表现方法

1. 妆面特点

　　（1）手法简洁，应用于自然光线条件之中。（见图4-1-1）

　　（2）对轮廓、凹凸结构、五官等的修饰变化不

图4-1-1

能太过夸张，呈现清晰、自然、少人工雕琢的化妆效果。在遵循原有容貌的基础上，适当地修饰、调整、掩盖一些缺点，使人感觉自然，与整体形象和谐。

（3）用色简洁，在与原有肤色近似的基础上，用淡雅、自然、柔和的色彩适当美化人们的面部。较常用的眼影颜色有浅咖啡色、深咖啡色、蓝灰色、珊瑚色、米白色、白色、柔粉色等。

（4）化妆程序可根据需要灵活多变。

2.表现方法

（1）护肤、修眉。

洁肤后喷洒爽肤水，上营养面霜或乳液给皮肤补充营养，进行简单的皮肤按摩。然后涂上防晒隔离霜，并根据眉形特点及脸形特点完成修眉。

生活淡妆

（2）打粉底。

淡妆最重要的是追求底妆的轻薄剔透，选择跟肤色同色号的粉底液均匀涂抹，使肤质显得细腻光滑、色泽自然。粉底的使用量要少，要突显出皮肤的透明感，涂抹时注意面部与颈部的颜色统一。用遮瑕膏对黑眼圈、痘印、斑点等面部瑕疵部位采用点按的手法进行遮盖，注意与粉底颜色的融合。（见图4-1-2）

（3）定妆（上粉饼或散粉）。

选择颜色适合的粉饼或散粉，均匀地定妆，注意每个细节，粉量不要过多，以保持肤色清淡透明的效果。定妆后用眼影刷蘸取亮色高光粉在鼻梁、眉弓、下眼睑、三角区、唇峰、下巴中间等部位进行适当提亮，让脸形更立体。（见图4-1-3）

图4-1-2　　　　　　　　　　　　　图4-1-3

（4）眼妆。

①眼影。

淡妆一般选用浅淡的眼影均匀晕染，如浅咖色眼影，用中型的眼影刷蘸取白色眼影粉，从内眼角向外眼角大面积扫满整个上眼皮。用小型的眼影刷在眼线上处反复轻扫几次咖啡色，控制咖啡色的面积，只做小范围使用。（见图4-1-4）

②眼线。

用黑色眼线笔沿着睫毛根部画出粗细适中的眼线，描画要自然流畅，虚实结合。（见图4-1-5）

③夹睫毛，上睫毛膏。

淡妆的睫毛不宜过于浓密和夸张，应以自然为主。一般不用假睫毛，如自身睫毛过于短而稀疏，可粘贴自然型假睫毛，要做到与真睫毛自然融合。（见图4-1-6）

图4-1-4 　　　　　　图4-1-5 　　　　　　图4-1-6

（5）眉。

淡妆的眉形要自然、柔和。一般选用棕色的眉影粉或眉笔，遵循眉头淡、眉坡深、眉峰高、眉尾清晰的原则，当然根据眉毛修的情况而定。画眉要做到描画均匀，浓淡适宜。（见图4-1-7）

（6）唇妆。

淡妆的唇色要柔和，并与眼影色相协调。可涂上唇膏再抹唇彩，也可直接用唇彩，使唇部显得滋润即可，尽量保持唇的自然轮廓。（见图4-1-8）

（7）腮红。

在整个妆容里，眼影是视觉重心，所以腮红和唇色都要淡淡地处理。腮红

要和唇彩眼影的颜色相似。用腮红刷蘸上腮红轻扫在苹果肌上，使妆容更完美。（见图4-1-9）

图4-1-7　　　　　　　　图4-1-8　　　　　　　　图4-1-9

 相关链接

生活淡妆眼影颜色搭配技巧

生活淡妆眼影颜色搭配技巧之一：深咖啡色+明黄色，色彩偏暖，妆色明暗效果明显。

生活淡妆眼影颜色搭配技巧之二：浅咖啡色+米白色，中性偏暖，妆色显得朴素。

生活淡妆眼影颜色搭配技巧之三：蓝灰色+白色，色彩偏冷，妆色显得脱俗。

生活淡妆眼影颜色搭配技巧之四：紫罗兰色+银白色，色彩偏冷，妆色显得脱俗而妩媚。

生活淡妆眼影颜色搭配技巧之五：珊瑚色+粉白色，色彩偏暖，妆色显得喜庆活泼。

任务二　生活浓妆

任务目标

● 知晓生活浓妆与生活淡妆的区别，并掌握生活浓妆的化法
● 能根据不同脸形及五官特点进行矫正化妆

任务实施

生活浓妆一般也被称为生活晚妆，是指出席晚间社交活动时需要化的妆，浓妆能改变形象，美化脸形。浓妆的操作要强调五官的立体感，视觉效果要引人注目，要根据顾客不同的脸形特点进行有针对性的描画。

一、生活浓妆的表现方法

1. 妆面特点

（1）生活浓妆适用于热闹、光线较强的环境。（见图4-2-1）

（2）妆色可略浓，色彩搭配可丰富协调，明暗对比略强。五官描画可适当夸张，面部结构可进行适当调整，视觉效果较强，吸人眼球。凸显女性的美丽、端庄、高雅。

（3）生活浓妆的用色范围比较广，有彩色系和无彩色系的颜色在浓妆中都可以使用，颜色搭配方法多样，利用颜色间的对比关系，可使妆面醒目。例如，明度与纯度较高的颜色搭配使用，可产生

图4-2-1

强烈的对比效果。较常用的眼影颜色有深咖色、深灰色、酒红色、金色、深蓝色、黑色、珠光白等。

（4）化妆程序完整，突出五官的立体结构与清晰程度。

2. 表现方法

（1）护肤、修眉、隔离。

洁肤后喷洒爽肤水，使用乳液或营养面霜给皮肤补充营养，进行简单的皮肤按摩帮助吸收。然后涂上隔离霜，并根据眉形特点及脸形特点完成修眉。

（2）打粉底。

粉底霜要求使用膏质的。这样质地的粉底霜具有遮盖力，可以修饰肤色并掩盖皮肤的瑕疵。首先利用深浅不同的粉底霜，根据面部的立体结构修饰脸形，可使脸形轮廓立体生动。粉底霜的涂抹要牢固持久，尤其是眼部、鼻翼两侧的部位都要均匀涂抹。（见图4-2-2）

（3）定妆、修容。

使用同色的蜜粉固定，以减少油脂分泌后面部产生的油光，并使妆面牢固、持久。用粉扑将散粉揉搓均匀后以按压的手法先从眼周开始定妆，再到鼻翼、嘴角，直至全脸，不要遗漏每一个部位，再用大刷子扫除多余的散粉。（见图4-2-3）

定妆后用双色修容饼进行修容，浅色打在需要突出的部位，暗色打在需要收缩的部位，让脸部的立体感更强。（见图4-2-4）

图4-2-2　　　　　　　　图4-2-3　　　　　　　　图4-2-4

（4）眼妆。

①眼影。眼影的描画层次要丰富、立体。结构晕染法和渐层晕染法都可使用，但是注意颜色之间的过渡要均匀。首先用微珠光白提亮眼部及眉弓骨，其次用棕色渐层晕染在整个眼部和下眼睑，最后用深酒红色在上下睫毛根部加深晕染，与棕色自然衔接。外眼角可用浅金色微微提亮。（见图4-2-5、图4-2-6）

图4-2-5

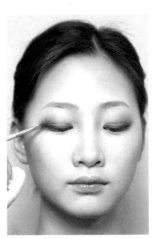

图4-2-6

②眼线。眼线应粗重并向外眼角自然延长，起到调整眼形的作用。下眼线紧贴睫毛根部可画后三分之一，并与上眼线衔接。（见图4-2-7）

③睫毛。浓妆适合略浓密夸张的睫毛，使双眸神采奕奕。先将睫毛夹翘，再粘贴较浓密纤长的假睫毛，最后刷上睫毛膏，使真假睫毛自然融合。（见图4-2-8）

图4-2-7

图4-2-8

（5）眉妆。

浓妆的眉形要精致、有型，不宜太淡。应配合眼妆与脸形去描画，可先用咖啡色眉影粉扫出基本形，再用棕黑色眉笔逐根描画，表现出虚实效果。（见图4-2-9）

（6）唇妆。

浓妆的唇色可选用浓郁的颜色，与眼影色协调。可先用唇线笔勾勒唇形，再用唇膏填满，在强调轮廓的基础上使唇部丰满亮丽。（见图4-2-10）

（7）腮红。

腮红颜色可略微艳丽，与唇色协调。可采用结构式打法起到修饰脸形的作用。涂腮红时，腮红刷上剩余的颜色可涂在额前发际线、鼻窝等处，让整体妆色融为一体。（见图4-2-11）

图4-2-9　　　　　　　　图4-2-10　　　　　　　　图4-2-11

重点突破

各种脸形的矫正化妆

矫正化妆，有广义和狭义之分。广义的矫正化妆是指通过发型、服装颜色及款式、服饰及化妆等手段对人物进行总体的调整，赋予人物生命力，起到美化形象的作用，这是矫正化妆的最高境界。狭义的矫正化妆是指在了解人物特点及五官比例的基础上，利用线条及色彩明暗层次的变化，在面部不同的部位制造视错觉，使面部优势得以发扬和展现，缺陷和不足得以改善，这是化妆师所掌握的最基本的技能。本书项目二任务二中，已经分析了六种脸形的特点，以及如何利用颜色深浅不同的粉底进行修饰脸形的方法。但这些还不够全面，化妆美的基础是使整体协调，面部的整体修饰就是将五官与脸形协调。修正一个脸形就像素描绘画，是从整体意识入手到局部刻画，再回到整体塑造的反复过程，要在面部轮廓和五官的调整上下功夫，才会达到较好的效果。

自古以来，椭圆形的脸形和比例匀称的五官一直被公认为是最理想的"美人"标准，椭圆脸形的长度和宽度是由五官比例结构所决定的。五官比例一般以"三庭五眼"为标准（详见项目二任务二中的知识延伸）。脸形的修正主要通过轮廓修饰、腮红、鼻形、眉形、眼形、唇形等的特别修饰，以改变脸形的不足。下面针对几种有典型意义的脸形逐一进行分析。

二、圆形脸

圆形脸的主要特点是脸形短，面部缺乏立体感，因此对于圆形脸来说，调整的目的就是要拉长脸形，增强面部的立体感。（见图4-2-12）

1. 轮廓修饰

首先，选择接近肤色的粉底修饰整个面部。然后再利用阴影色和提亮色对整个面部的结构进行强化。阴影色选择深色的粉底或是修容饼中的深色，来修饰脸部需要收敛的部位，重点放在前额两侧、面颊两侧和鼻梁两侧，面颊两侧的阴影

图4-2-12

色由颧骨上缘至下颌两侧晕染，颜色由深到浅、由外轮廓逐渐向内轮廓过渡。

提亮色用浅色的粉底或者是修容饼中的浅色，来修饰脸部需要强调的部位，重点放在额骨、鼻梁和下颌正中，来拉长脸的长度，在眉骨和颧骨处也可以使用提亮色，来增强脸部的立体感。在这里要注意，阴影色、提亮色与底色之间的衔接过渡要柔和。

2. 腮红

腮红的修饰同样可以改变脸形。圆形脸的腮红可以涂在颧弓下陷的部位，由颧骨外缘斜向下向内晕染，颜色同样是由深到浅，由外轮廓逐渐向内轮廓过渡，这样做，可以产生拉长脸形的效果。

3. 鼻形

鼻部的结构在打底的时候已经做了适当的调整，但还需要进一步的强调。鼻影色由眉头一直晕染到鼻翼，面积可以略宽；提亮色的范围上至额骨下至鼻尖，晕染得要细而且长，目的是要使鼻梁看上去又细又长，增强鼻子的立体感，从而从整体视觉上拉长脸的长度，增强面部的立体感。

4. 眉形

在眉毛的修饰上，可以将眉毛修饰成微吊眉，就是眉头压低，眉梢挑起，眉峰可以略向后移。这种略微上挑的眉形，同样可以拉长脸的长度。

5. 眼形

眼睛的修饰应该着重放在上眼睑眼影的描画上。可以选择深色或者冷色系的眼影，着重表现眼睛的结构。眼影晕染的面积不宜过大或者过宽，否则会使眼部缺乏立体感。上眼线可以适当地加粗或加重。

6. 唇形

在唇形的修饰上，唇形不易太小或者太圆，在勾画轮廓时，唇峰可以略带棱角，来协调整个脸形过于圆润的特点。在颜色的选择上，可以选择比较艳丽的颜色，目的是以局部冲淡整体，使人从视觉上忽略脸形的不足。

三、方形脸

根据方形脸的脸形特点，方形脸在修饰方法上与圆形脸有相似之处，都是要拉长脸的长度，但区别是在处理手法上要圆润一些，来协调方形脸带给人的棱角感。（见图4-2-13）

1. 轮廓修饰

在粉底的选择上，用浅肤色的粉底修饰脸的内轮廓，用深肤色的粉底修饰脸的外轮廓。

阴影色涂在两个额角、两腮以及下颌角的两侧，对这几个部位进行收敛；提亮色仍然将重点放在前额中部、鼻梁、颧骨以及下颌中部，来强调内轮廓，拉长脸形。

图4-2-13

2. 腮红

腮红的修饰较圆形脸在位置上可以稍微向上提升，在颧骨下缘的凹陷处颜色较深，而向上至颧骨的位置颜色可以略浅，整体面积要小一点，可以起到收缩面颊的效果。

3. 鼻形

鼻部的阴影色应重点放在鼻根的两侧，面积可以宽一点，强调鼻子的挺拔；提亮色由鼻根一直晕染到鼻尖，使鼻形拉长，晕染的时候，颜色过渡要柔和。

4. 眉形

眉形的修饰上，方形脸也同样适合微吊眉。但与圆形脸的微吊眉不同之处在于，眉形不宜修饰得太细，整体上要圆润一些，眉峰可以略向前移，眉梢也不要拉得太长。这样也可以从视觉上收缩脸的宽度。

5. 眼形

在眼睛的修饰上，同样要强调眼部的结构。另外在眉骨处使用一些亮色，也可以增强眼影的立体效果。

6. 唇形

唇形的修饰上要尽量地圆润饱满一些。两个唇峰不要靠得太近，上下唇都比较适合圆弧形的唇形，因为这种唇形能够比较突出方形脸端庄的外在气质。

四、长形脸

长形脸与圆形脸和方形脸在修饰重点上有比较大的区别。圆形脸和方形脸都是要加长脸形的长度，而长形脸与前两者正好相反，要缩短脸形的长度。（见图4-2-14）

1. 轮廓修饰

因为长形脸发际线和前额比较高，下颌长，所以将阴影色的重点放在前额的发际线边缘以及下颌骨边缘，来缩短整个脸形的长度。提亮色的位置放在额头的两侧，颧骨外

图4-2-14

侧和下颌角处，这样做的目的是要拓宽脸部的两侧。

2. 腮红

长形脸一般适合于横向晕染腮红的方法，就是由颧骨外缘略向下处横向至面颊中部进行晕染，颜色从发际边缘向内轮廓由深到浅淡化，这样处理可以丰满面颊，缩短面部长度。如果脸形宽而且长，那么腮红则应该由颧弓斜向下晕染，同样可以起到改善脸形的效果。

3. 鼻形

长形脸的人不宜过度强调鼻影的修饰，因为这样会使脸形长的特点更加突出。如果鼻形不够挺拔，确实需要修饰的话，也不适宜对整条鼻影进行修饰，只需对鼻梁中部的两侧进行修饰就可以了，而且面积要窄又短。提亮色也是只涂在鼻梁中部就可以了，面积要宽而短，这样可以收敛整个鼻形的长度。

4. 眉形

长形脸适合描画平直而且略长的眉形，不宜过细，可以稍粗些，来扩充前额的宽度，从而使整体的脸形横向拉长。

5. 眼形

将眼部修饰的重点放在外眼角，上下眼睑的眼影可以适当地向外晕染，同时，眼线也可以由内眼角向外眼角逐渐地加粗加重，加强眼形的长度。

6. 唇形

长形脸一般不适合过小的唇形，因此，唇形不要勾画得太小，应该突出展现唇部丰满润泽的效果，这样，可以使整个面部看起来圆润一些。

五、正三角形脸

1. 轮廓修饰

三角形脸是与标准脸形反差相对较大的脸形，它的整体呈上窄下宽的状态，因此，在修饰三角形脸时，要用深肤色的粉底涂在两腮宽大的部位，再用浅肤色的粉底涂在额角处，做好脸形修饰的基础。

提亮色仍然放在前额、眉骨、颧骨上方以及下颌中部这些能够突出脸部结构的地方。然后在两腮以及下颌骨的两侧着重进行阴影色的修饰，来收敛脸形

下半部分宽大的体积感。（见图4-2-15）

2. 腮红

腮红的修饰可以先用咖啡色或较深色的腮红涂在颧弓外下方，并逐渐向额角晕染，强调脸形的结构，再使用浅色的腮红涂在颧弓处，使面颊显得更加有立体感。

3. 鼻形

鼻子应该尽量修饰得高且挺拔。鼻根两侧的阴影色面积可以宽一点，但到了鼻梁两侧面积要窄。提亮色在鼻梁上可以晕染得宽一些。

图4-2-15

需要强调的是，如果鼻翼比较宽的话，一定要对鼻翼做一定的处理，用阴影色修饰宽大的鼻翼。因为如果鼻翼过于宽大的话，会加重下半部脸的体积感。

4. 眉形

眉毛的修饰可以选择略带弧度的眉形。眉毛可以描画得稍长些，但眉梢不可以下垂。眉宇间的距离可以适当地加宽。这样可以拓宽脸形上半部分的宽度。

5. 眼形

眼睛的修饰重点仍然放在外眼角上。上眼睑的眼影可以适当向斜上方晕染，下眼睑也应在外眼角处稍加点缀。上下呼应，眼线可以适当拉长并且上扬。这样可以增加眼睛的魅力。

6. 唇形

唇形不要描画得太小，否则会与宽大的两腮形成过于强烈的对比，突出脸形的不利因素。整个唇形应该丰满圆润，同时，嘴角可以略向上翘，提升脸形特点带来的下坠感。

六、倒三角形脸

1. 轮廓修饰

倒三角形脸的特点是前额宽大而下颌轮廓较窄，整体呈上宽下窄的状态。因此，根据脸形的特点，将阴影色修饰在两个额角和突出的下颌部位，收缩过宽的额角和突出的下颌。如果颧骨比较突出，也应用阴影色来进行修饰。提亮色涂在消瘦的面颊两侧，使面颊显得丰满圆润。（见图4-2-16）

2. 腮红

由于面颊消瘦，腮红可以采用横向晕染的方式。由面部的中央向外做横向的晕染。这种打法，腮红的面积不易过大，避免形成大面积的色块，颜色过渡自然。

图4-2-16

3. 鼻形

鼻子的修饰根据鼻子的外形做，适当增强鼻子的立体感就可以了。

4. 眉形

眉毛的处理与三角形脸眉形的处理正好相反，适当缩短眉宇间的距离，眉峰略向前移，整个眉形不要太粗或者是太长。这样做的目的是收缩脸形上部的宽度。

5. 眼形

眼部描画的重点要放在眼睛的内眼角。眼影的面积不要过大，上下眼线的修饰也不要拉得过长，尽量收缩两眼之间的距离。

6. 唇形

唇形的处理上仍然适合圆润一些。唇形不要太大，另外，也可以选择艳丽一点的色彩，使整个妆面更加突出。

七、 菱形脸

1. 轮廓修饰

菱形脸的特点是上下窄、中间宽。因此，应该用阴影色来修饰颧骨以及下颌处，来遮盖过高的颧骨和过尖的下巴。在额角两侧以及下颌两侧消瘦的部位，使用提亮色，让脸形看上去丰润一些。（见图4-2-17）

图4-2-17

2. 腮红

腮红的修饰不宜过重，选择柔和淡雅的颜色在颧骨上稍作晕染。颧弓下方颜色可略深，只需要体现面部的红润感就可以了，如果颜色过重，会显得颧骨部位更加突出，形成反效果。

3. 鼻形

鼻梁两侧的鼻影可以晕染得宽一些，鼻梁上的亮色要尽量晕染得细而且窄，让鼻子看上去显得细长。

4. 眉形

眉形的修饰与三角形脸的眉形相似，尽量拓宽眉宇间的距离，眉峰可以略向后移，眉梢也可以向外拉长，但不可以下垂。

5. 眼形

眼形的修饰方法也与三角形脸相似，将眼部描画的重点放在外眼角，眼影的晕染可略向外向上。眼线的处理上，由内眼角向外眼角由细变粗，由浅到深，并且在外眼角处可以适当拉长和上扬。

6. 唇形

当勾画唇线时，唇峰要圆润，下唇的轮廓可以略微平直，呈"船底形"。唇色同样可以选择略微鲜明的颜色。

在矫正化妆中，化妆师在面对不同脸形和五官时要善于分析不足并采取正确的矫正方法，做到因人而异，扬长避短，要在掌握标准脸形及标准五官比例的基础上找"平衡"。所谓"平衡"，有两个含义，一方面是指面部脸形及五官要左右对称；另一方面是指在具体刻画某一局部时，化妆师在掌握五官标准比例的基础上找平衡。如两眼之间间距偏近，那么在化妆时应重点强调外眼角并往外延伸，眉尾适当拉长，弱化眉头，通过矫正拉宽两眼之间的间距，使五官比例更协调美观。总之，矫正化妆是化妆中的一项重要内容，作为化妆师必须要扎实掌握。

🎤 **任务评价**

同学们两两配对，互相练习生活浓妆的化妆技法，完成后按照下表进行评定。

评价内容	内容细化	分值	评分记录分配			
			学生自评	学生互评	教师评分	备注
完成情况 90分	准备工作	10				
	根据脸形修饰（颊侧）	20				
	晒伤腮红	20				
	圆形腮红	20				
	酒晕腮红	20				
职业素质 10分	团队合作	5				
	遵守纪律	5				
	总分100分					

说明：1. 备注栏可记录扣分原因。
　　　2. 训练时可自由配对，考核时随机配对。

 任务拓展

一、填表题

仔细比较生活淡妆与生活浓妆各个步骤及部位的妆面特点，完成下表。

	生活淡妆妆面特点	生活浓妆妆面特点
底妆		
眼妆		
眉妆		
唇、腮红		
色调		

二、绘画题

完成一张生活浓妆的妆面设计图。

 项目总结

生活淡妆和浓妆是生活妆当中最基础的两个妆面，需要每个同学加以区分并熟知各自特点，课堂中加强练习直至熟练掌握。任务二当中的重点突破矫正化妆是一块很重要的内容，也是有难度的内容，要求同学们先理解各种脸形和五官的矫正原理，并进行初步尝试，全面掌握需要后期长时间的练习和实践，在实践和总结中去不断感悟原理的正确性。希望同学们刻苦训练，不断探索。

 综合运用

亲情服务：给自己的妈妈设计一款生活淡妆，要是能够配合服装和发型就更加完美了。拍下妆前妆后照，并让妈妈写下体验感受及对此次服务的评价。

丽莎又一次给妈妈化妆，效果好了许多。妈妈在丽莎的服务评价中写下了"非常满意"四个字，丽莎感到无比开心。

通过本项目的学习，丽莎认识到整体妆容不是单纯地把每个部位修饰完就可以了，关键是要把每个部位的修饰合理、协调地组合在一起，让人看上去赏心悦目，也就是要体现出妆面的完整性和协调性。这当中要考虑几方面的因素：（1）首先是色彩搭配是否协调。色彩有着先声夺人的吸引力，色彩搭配好坏对化妆的成功与否起着非常重要的作用。眼影色之间的组合搭配，眼影色与腮红、口红色的搭配，化妆色与服装色的搭配等都要求做到协调。（2）整个妆容中一般应突出其中一个部位，其他部位相应地弱化，否则妆面会显得杂乱。（3）设计的妆容要符合对象的气质、年龄、职业等，同时也要符合所处的场合和环境。丽莎终于理解了本项目开头的这句话："化妆的目的不只是为了美化人的形态，更重要的是具有某种实用目的，能够广泛地渗入人们的生活之中。根据个人的气质、年龄、职业、季节、环境、场合等因素，采取不同的化妆风格和化妆手法。"

一学期很快就过去了，丽莎感到快乐而充实，因为她在做自己感兴趣的事情。下学期又会学哪些妆面呢？让我们一起期待……

参考文献

[1] 范丛博. 化妆师：初级 [M]. 北京：中国劳动社会保障出版社，2008.

[2] 徐家华，张天一. 化妆基础 [M]. 北京：中国纺织出版社，2009.

[3] 郭秋彤，林静涛. 美容化妆：第2版 [M]. 北京：高等教育出版社，2010.

[4] 黑田启藏. 黑田启藏的王牌化妆术 [M]. 晴天译. 沈阳：辽宁科学技术出版社，2009.

[5] 刘桂桂，付京. 影楼化妆造型宝典 [M]. 北京：人民邮电出版社，2011.

[6] 徐子涵. 化妆造型设计 [M]. 北京：中国纺织出版社，2010.

化妆基础

HUAZHUANG JICHU

职业教育美容美体专业课程改革新教材

美容基础

化妆基础

化妆造型设计

护肤技术（上）

护肤技术（下）

美容服务与策划

京师职教

天猫旗舰店

ISBN 978-7-303-26268-7

9 787303 262687 >

定价：32.00元